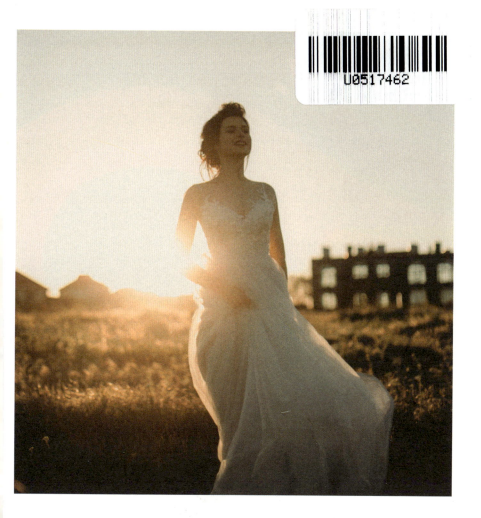

情感创伤

——「在一段纠结情爱里，我们彼此相爱的前提是对
于生命的尊重与热爱。」

亲密关系

——「成为自己人生的建筑师，为人生大厦建立起一个又一个的支点，生命才能拥有耸入云霄的底气。」

婚姻家庭

——「婚姻总会有它的归属，一个彼此滋养的持久归

属需要我们为之注入持续的养分。」

自我认知

——「我们探索的轨迹正在朝四面扩张，然后结成一张紧密的网，兜住我们那颗漂泊不定的心。」

亲密关系

如何获得幸福婚恋与自我成长

马泽中　刘晔　著

华夏出版社
HUAXIA PUBLISHING HOUSE

图书在版编目（CIP）数据

亲密关系 / 马泽中，刘晔著 .-- 北京 : 华夏出版社有限公司 , 2020.8
ISBN 978-7-5080-9947-7

Ⅰ . ①亲… Ⅱ . ①马… ②刘… Ⅲ . ①情感—通俗读物 Ⅳ . ① B842.6-49

中国版本图书馆 CIP 数据核字（2020）第 082839 号

亲密关系

| 著　　者 | 马泽中　刘　晔 |
| 责任编辑 | 陈　迪　赵　楠 |

出版发行	华夏出版社有限公司
经　　销	新华书店
印　　刷	天津旭非印刷有限公司
装　　订	天津旭非印刷有限公司
版　　次	2020 年 8 月北京第 1 版　2020 年 8 月北京第 1 次印刷
开　　本	880×1230　1/32 开
印　　张	6
字　　数	125 千字
定　　价	49.80 元

华夏出版社有限公司　网址：www.hxph.com.cn　地址：北京市东直门外香河园北里 4 号　邮编：100028
若发现本版图书有印装质量问题，请与我社营销中心联系调换。电话：（010）64663331（转）

序言

时至今日，我已在心理咨询的一线领域工作了十六年，在咨询室里见证过很多不同的婚姻情感故事。每个故事都有属于它自己的人生版本，每个版本也都有它背后的色彩温度。于是我把这些婚姻中的真实情感故事凝练成为二十篇文章，希望这些典型的心理咨询故事，能够给广大读者带来一些收获和启发。

"通过阅读别人的生命故事，来感受自己的生命故事"，这是我在咨询的过程中常常告诉自己的一句话。我希望通过这本书来表达我对于亲密关系的观点，比如，"关系是一切，一切是关系"。我也希望通过这本书来传递我对于婚姻情感的认知，比如，"在情感关系里，我们要学会形成爱自己和构建自己的能力"。

婚姻的形态

在上万小时的咨询案例中，如果让我用词语来描绘婚姻的形态，我大概很难找到一两个词语来全面概括。所以，在这里我想根据不同的人生走向，先将我看到的婚姻做一下简单的分类。

首先是咨询里最为常见的离婚走向。根据不同缘由，离婚也可以分成不同形态：

第一种就是婚外情，这也是大众舆论十分关注的话题。第二种

就是在实际生活当中，双方因为家庭关系矛盾所导致的离婚。第三种就是现在年轻人群中出现得越来越多的闪婚闪离的情况。第四种是孩子教育问题所引发的夫妻矛盾升级所导致的离婚。还有一种就是长期积累的矛盾冲突让婚姻逐渐涣散直至坍塌的情况。

其次是现实生活中最为普遍的已婚状态，我们可以通过对其赋予形象化的名称来进行认知：

第一种是我们现在越来越多提到的丧偶式婚姻，在这种婚姻里，夫妻中通常只有妻子一方在实质性地养育孩子。相比之下，男方则是高度缺失的，无论是作为丈夫的职能，还是作为父亲的功能，都面临很大程度的缺失。这种婚姻的比例其实很高，而且越是外人眼中的成功家庭，这种婚姻情况就越明显。

第二种就是无性婚姻，这种过去比较敏感的议题现在也逐渐被我们放在阳光下来进行讨论。无论是两地分居，还是更为普遍的家庭内部的房间分居，都存在着很高比例的无性婚姻。这些夫妻，表面上还共同生活在一个家庭之中，共同履行家庭的责任义务，比如父母的赡养和孩子的教育等。但实际上，双方已经长达多年生活在无性的婚姻状态里面。

还有一种就是空壳婚姻，这是心理咨询里面出现概率比较高的一种已婚状态。在这样的家庭里，婚姻如同一个空壳一般，没有情，也没有爱。夫妻关系很是冷漠，两个人晚上回到家里面就各自过各自的生活，没有任何共同经营的生活事件，只是养育孩子和赡养老人。

最后，还有一种更极端的情况就是形式婚姻。夫妻长期冷战到了相互仇视的地步，但是出于各种现实原因难以离婚，就各自活在各自的世界里，两个世界彼此隔离。在这样的婚姻里，双方只是保留着法律意义上的婚姻形式，只会在重要的对外仪式上相约出席，除此以外，如同陌生人一般。

婚姻的形态在离婚和已婚之外，还有隐婚。

一种隐婚形式是双方没有领结婚证，但是两个人共同生活在一起。这种情况下，通常是男方同时经营两个家庭，在第一个家庭的基础上又以隐婚的形式组建了一个新的家庭。而关系中的两个女方，可能彼此知晓对方的存在，也可能一直处于被隐瞒的情况下，等待着未来的某种爆发。

另外一种隐婚形式就是空巢家庭，双方离婚不离家。这些夫妻在领了离婚证之后，还维持着实质性的夫妻关系和家庭关系。这种法律意义上的离婚更多是出于现实的考量，比如为了拆迁，为了孩子上学或是出国移民。所以离婚之后,双方并不去做真正的关系分离。

婚姻的变化

回顾社会发展进程，我们会发现，过去几千年里十分稳定的家庭结构单元，在当下早已受到了急剧性的冲击。其中，被冲击最大的就是"70后"家庭和"80后"家庭。在各方面冲击的洗刷下，这些家庭更多地变成了经济结合体，让利益成为家庭结构中最重要的形成因素和破坏因素。新一代的"90后"家庭，也在面临着前所未有的考验。

　　需要承认的是，当代婚姻已经很难再为人们提供传统家庭的基本元素了。原本最为核心的爱的契约，在法律契约、社会契约和经济契约之下，也已经变得越来越脆弱。于是，当代婚姻越来越脱离情感、性和生育的主题，成了一个复杂不定的多维载体。

　　在家庭结构的冲击之下，还存在着一个隐性的心理冲击，使得我们整个中国的几代人都面临着心理结构的重建。在重建的过程之中，家的意义是什么？爱的意义又是什么？现在我们很难给出一个让人满意的答复了。

　　婚姻变革也会给我们带来另外一个层面的空间，就是让更多的人去追求自己想要的东西。多元化意味着更多的可能性，让我们想要去实现来自家庭外部的可能性。这里面我们感受尤为强烈的就是两性平等的诉求，它为女性提供了前所未有的机会和选择，有更大的选择空间去孕育更多元化的家庭结构。

　　可与此同时，我们的家庭文化却没有得到同步的构建。随之而来的，就是我们的亲密关系开始不断出现问题，我们对于情感婚姻的心态也随之出现问题，于是我们所在的家就会生病。这里顺应的逻辑关系在于，首先是家里有人生病了，这个家才会生病。于是，长期生活在家里的人们，就会产生很多心理问题和不良应对模式。更可悲的是，我们的孩子也逐渐从父母身上习得了这些问题部分。

　　我们试图通过这本书里的咨询故事来做一些探讨。往大了说，我们需要对本土家庭文化进行重组；往小了说，我们的个人家庭要有属于自己的家风。在这个家里，除了有看得见的房屋居所和吃穿用度，还要有流动的关系和流动的能量。这是我们构建家庭文化的核心。

对婚姻的认知

在婚姻现实性变革的同时，我们对婚姻的认知也发生着改变。从理性主义时期到浪漫主义时期，再到当下，我们进入了两者相互交替影响的冲荡时期。从人性发展的角度来看，它展示了人们以自我为中心的人性释放的愿望。但是从现实的角度来看，浪漫主义和理性主义无论如何交替或融合，我们的情感终要落到现实生活里来。但是我们也会看到，很多对婚姻怀抱着高度热忱和高度预期的人，往往并不具备将情感生活落入现实的能力。

所以，在当下，我们需要对关系进行整合。很多时候，我们对关系的理解是割裂的，于是很多人开始奉行各式各样的婚姻形式主义。如果我们从整合的角度来理解关系，那么婚姻形式就是我们对自身利益多元考量之后所做出的一个最优决策。如果我们从整合的角度来理解情感，那么浪漫主义更多的是我们对于理性主义缺失的一种补偿。我相信，通过我们的不断认知和努力，情感和关系是可以在整合之中取得一个平衡点的。

很多社会学家也构想过，未来数百年后的人类社会，也许已经不存在家庭这个社会结构单元了。我们也可以畅想一下，如果未来人类的情感可以获得完全意义上的自由，我们亲密关系的形态会变

成什么样子，我们脱离契约束缚的情感又会变成什么样子。在畅想中我们也许会看到，自己最在意和最想获得的到底是什么。

在婚姻局限性越来越明显的时候，人们的心理诉求就会越来越强烈。在追求安全性和独立性的过程中，每个人都会有属于自己的阵痛。作为一个心理咨询师，我希望大家能够构建出可以进行依赖的个人支持系统。这个支持系统来自情感依赖和精神依恋，而核心的依赖和依恋对象，是需要我们去寻找和构建的，它可以是亲密关系，可以是兴趣爱好，也可以是专业的心理咨询师。

希望这本书能够让你对亲密关系多一些理解和认知，对婚姻里外的自我成长多一些看见和期待。如果你能从中感受到更多关系的可能性和生命的丰富性，我会深感欣慰和幸福。

出于对来访者的隐私的保护，文章中的来访者信息和经历均已经过加工改编。

马泽中

写于燕园博思

2019 年 12 月

序言

　　2012 年的初秋我进入大学，开始了对心理学理论的学习，时至今日已然 7 年有余了。那时，我印象最深的有关亲密关系的心理学知识，就是斯腾伯格的爱情三元理论和鲍尔比的依恋理论。随后，我前往英国学习行为心理学，用更为精巧复杂的经济学模型来预测人们在情感关系中的行为决策。

　　可是我会觉得，这些离我想要的东西始终隔了一层。我感受到，黑白分明的理论框架难以涵容现实关系的灰度空间，高度精确的群体概率也难以揭示个体属性的人性幽微。于是，在不断的自我怀疑与自我复盘中，我渐渐看到了自己当下的前进方向：我想要从理论走向实际，从群体走向个体，从白纸黑字的文献理论走向色彩鲜活的生命故事。

　　今年年初，我开始跟马泽中老师学习心理咨询，并在案例讨论的过程中，一起形成了写这本书的最初想法。马泽中老师作为一名工作数十年的资深心理咨询师，在常年积累的情感婚姻咨询案例中，沉淀出了深透而又凝练的思考认知。

　　在创作过程中，我们以马泽中老师的真实咨询案例为素材，对典型内容进行回顾、讨论、加工和分析，最终形成了这本书里关于

情感与人生的二十篇文章。作为这些故事的第一听众，我有着很多见闻和感受。我相信，作为读者的你们，也会有和我相似相通的共鸣。所以，我想把我体会最深的部分呈现出来，希望能和你们在这里抑或是在随后展开的篇章字句中，相遇和链接。

亲密关系众生相

在随后的文字中，我们想要展现出一个充满灰度色彩的人性夹层世界。这个世界，弥漫着焦虑不安的情绪，存在着利弊得失的衡量，也时刻浮现着我们想要抵抗丧失与孤独的挣扎。在我们的社会文化建构体系里，人们被关系和角色所定义，被言行和舆论所标签。在这里，我们想要撕下种种标签，让每一个个体能够暂时得以从社会关系属性中走出来，以最为纯粹的生命形式被我们看见。

我们会看到，不同的人承载着不同的家庭议题，形成不同的个人模式，进入不同的人生际遇，选择不同的生命走向，然后在这个终其一生的过程里甘苦自知，起落自渡。因此，我们想要在这个链条中找到玄机所在，从而寻求对自我和世界的掌控感。

当代婚姻之殇

如今的我们获得了极大的婚姻自由度，也感受着难以言说的时代阵痛。人们带着各自的缘由走进婚姻，然后在法律、经济、亲子、情感和道德等层面获得多方位的保护与约束。各个层面的议题缠绕交织，形成婚姻的内架与外壳，使得有些亲密关系愈加稳定；使得有些亲密关系在权衡下苟且残存，让婚姻变成了一个用人性来约束人性的工具；也使得有些亲密关系走向解体，为整个人生带来惊涛骇浪。

婚姻出轨和关系不忠，始终是心理咨询绕不过去的核心议题。在这里，我们尝试放下社会文化体系的批判，用理解的视角去观看它是如何发生的。当我们难以脱离人性道德的层面去理解时，我们不如把人放在更大的自然视角之下，用理解万物生长的方式去理解人。为了去获得关系之中的关注、理解、接纳和支持，人们往往是可以不惜代价的。多一分清醒的懂得，也就多一分对人性的把握，少一分情感的伤害。

创作人生之书

在回顾咨询走向的时候，其实我多少是有过失望的。我能够觉察到，这份失望源于不切实际的期待，期待会有惊人之语将人从迷雾中点醒，然后将人从泥潭中拖出。因为我们都渴望被理论知识投喂，渴望被实践技术拯救，渴望通过被武装的心理学头脑来获取爱情理论中的完美模样。

然而这个世界终有壁垒，理论难以穿越现实的边界，咨询室与真实世界也存在着一墙之隔。心理咨询里鲜有偈语和顿悟，有的多是细水长流和万般求索。我们终需亲手翻开自己的人生之书，在创作中不断修整固有的自我模式，然后迎来更为灿烂的篇章。

童话已然式微，再难有纯粹主义赋予我们标准；选择也已超载，

我们在眼花缭乱的自由世界里也还是难以找到满意的人生选择集。可也正在此时，我们能够专注于自己的生命，以自身属性为参数，以自我诉求为目标，通过不断地拟合，构建出最能适应自我的人生体系。于是我们会发现，为自己设计人生，是一件何其美妙的事情。

刘晔

写于燕园

2019 年 12 月

目录

第一章

情感创伤

纠缠型依赖：婚外情背后的恋父情结

——「在一段纠结情爱里，我们彼此相爱的前提是对于生命的尊重与热爱。」

咨询案例

这个案例是一个女下属和一个男上司的故事。来访者是一个来自外地的大学毕业生，毕业后在北京的一家民企工作。作为一个刚毕业的二十五岁女孩，她长相、能力等各方面都很出色，刚开始只是做一些行政文秘的工作。她的老板是一个"60后"，比她大了将近 20 岁。这个故事的转折点是在他们去上海出差的时候，他们两个人谈成了一笔很大的项目。当天在庆功晚宴的时候，在喝了很多酒的情况下，老板向她表达了对她的喜欢。于是那天晚上，两个人就发生了第一次性爱关系。

自此之后，女下属和老板的关系就开始变得不一样了。之前她对老板更多的是对父亲的感觉，并且欣赏这种有事业心，有上进心，同时稳定、安全、可靠的男性。而这个老板是非常了解女性心理的。她后来了解到，老板在她之前就已经和至少两个女助理发生过地下恋情，后来都以支持出国留学或者资助开店的方式让她们离开了。所以这个女孩至少相当于这个老板物色的第三个情人。自此之后，他们开始了长达八年的婚外情关系。

她来找我做咨询的时候已经三十多岁了，刚刚经历流产。老板对于她而言，不仅像父亲一样给她庇护，还像男朋友那样给予了她很多的宠爱。另外，老板对她在工作中的认可还让她从中获得了很多的存在感、成就感和价值感。这种复杂的感情让她一直不认为她和老板的关系仅仅只是一种纯粹的情人关系。即使老板在她身上也花了很多钱，但她从来不追求奢侈品，也从不要房和车。她一直希望通过自己的努力和奋斗，去获得老板的认可和需要。

而对于老板来说，她一方面充当着他情感与性的依恋者和慰藉者，另一方面还充当着自己事业的帮助者和支持者。所以他们的关系因此而变得很纠结、很复杂，她想要放弃但又不舍得放弃这段关系，觉得未来遥遥无期，失去希望。在这种复杂纠结中，她选择走进了咨询室。

与男性疏离、隔离的背后

这样一个纠结的过程，也涉及她的原生家庭。她从小家庭条件就相对比较穷苦，父母都是做小生意的。关键是在她小学没毕业的

时候，她的爸爸就生病过世了，而妈妈却没有在这时候自立起来。所以她就承担起了整个家庭的重任，从初中开始就变得十分好胜而且独立。

那么这就意味着，她在和男性的关系上一直都处于疏离和隔离的状态。她在大学毕业之前一直没有正式谈过男朋友，在男性关系上疏离、隔离的背后，是深层次的父爱缺失，以及深层次的依赖和依恋。当她工作之后，她内心一直渴望寻找一个能够给她依赖、依靠和指导，兼具父亲与导师双重角色的形象，而这个老板正好完全符合。此外这个老板经常带她出入名流云集的奢靡场合，在形象、气质、能力等方面都让她有了很大的提升。

与此同时，无论是亲友给她介绍的男朋友，还是周围追求她的男性，她都会拒绝掉。以至于到后来她开始想去找男朋友的时候，始终是带着这个老板的形象和模式去找：事业成功，有钱有能力，懂她了解她，给她依赖和依靠，还完全包容和支持她。所以在周围的同龄人里，她一直都没有找到这样的人。这里面所体现的核心关系，就是所谓的恋父情结，但她不仅仅是想要找一个像父亲一样的人，也不仅仅是想要弥补父爱的缺失，它的背后还有更为真实复杂的原因。

真实存在的情爱依恋

实际上，我们每个人对于情爱关系都有着实际的需求和需要。后来这个咨询案例做了将近三年的时间，很重要的一条主线就是要让她看到，她对于老板情感上的依赖和依恋，是现实生活中实际存在的需求和需要，因为它有一个双方自愿的爱的前提。应该承认的是，她对老板的依赖和依恋，以及不断呈现出来的种种情感，是正常存在的。她确实在这段关系中付出了很多，而这个老板虽然以金钱换感情，但他对她也是有真实感情的。我们可以看到，每一个隐藏在阳光背后的恋人关系里，也都有很光明的一面真实存在着。

后来老板的妻子已经公开地承认了他们之间的关系，只要她保证不图老板家的房产和金钱。在这种默契下，他们关系中爱的成分已经变得很复杂了。这种对于亲密关系的依恋背后，是她对于安全感的强烈依赖。这种安全感的来源包括情感、存在感，还有金钱等物质这些实际的方方面面。而这种对于安全感的追寻，让她产生了强烈的不安全感。因为如果继续停留在这段关系里，她觉得对于未来她看不到光明和希望，这样继续耗下去也让她担心自己会不会孤独终老。

咨询切入后的关系分离

所以在咨询的几条主线上，首先是要去梳理她和老板之间的关系，然后再去梳理她和父亲之间的关系，同时这也很好地反映出她和男性之间的关系。在咨询的过程中，她和老板的亲密关系也经历着逐步分离的过程。在那个阶段，老板能够提供给她的能力范围和情感范围都到达了一个上限。同时老板在事业上也出现了一次巨大的滑坡，从身价过亿一下子变为背负几千万债务。此时，她就离开

了公司，重新找了一份新的工作。这是他们关系分离的第一步。

在这个过程中，随着他们双方逐步呈现出的情感关系的分离和经济关系的切割，存在更多的反而是老板对她的需求和依赖。因为她年轻貌美，气质好，能力也好，老板会带她出入很多重要场合，并且毫不避讳地称她为自己的秘书。实际上大家都心知肚明，知道她是老板的情人，而且是心甘情愿帮助他处理工作的。

当她慢慢看到这种亲密关系呈现出一种利用性的时候，他们之间的依赖、依恋就开始有了实际利益的考量。于是她开始为自己着想了。她在事业需要转型、生活需要独立的时候，和咨询师一起重新进行了对未来的人生规划和职业规划。她最终选择去读一个商学院的 EMBA。也是在这个过程中，她从对老板的依赖和依恋中，有了新的依赖和依恋。当她进入商学院学习的时候，发现周围同学几乎全是大大小小的企业家，有身价千万的，也有身价过亿的。那么这两年的学习过程就给了她很多可能性，她也开始去尝试结识潜在的男朋友。在和潜在男朋友的相处过程中，她和原来老板情感关系的分离也开始逐步加快。

大众眼中的"不道德情感"

其实类似这样的案例在我这里有相当多。整合起来去看，故事背后存在着种种实际的需求，一个是现实的情感、金钱和安全感的依赖，一个是过往的父爱缺失，还有就是对于当下情感的寄托和能力的认可。这些都是在依恋关系背后真实存在着的。很多时候我们只是站在社会道德的制高点去看待这些事情，而真正在道德背后，其实有非常多的东西是由不道德所构成的。所以不道德的东西未必如我们平时所理解的那样不道德，它里面也是有真实的实际关系、利益关系和情感关系存在和发生的。

这个故事很打动人的地方就是来访者对于依赖、依恋关系的无悔性。我用了三到五年的时间投入咨询关系当中去理解和共情，而这个来访者很多时候是让我觉得很敬佩，因为她敢于承认爱的存在性和真实性。她一直很感激我的地方也是缘于此，因为我一直认同和理解她对老板感情的真实存在性，并且能够从中看到有父亲之爱，有男友之爱，也有其他更为纠葛的情感成分。用她自己的话来说，这种无怨无悔的感情是很真实的，而且完全不带有目的性和利益性，是一种复杂而纯粹的感情。

建立心理支持系统

从心理学的角度来讲，人需要构建自己独立而完善的一个心理支持系统。这个支持系统最主要的三个层面分别是：经济层面、情感层面以及自我接纳层面。

首先是经济层面，也是这个来访者最为担心的方面。她的老板特别聪明的地方在于，他从来不一次性地给她巨额生活费，而是不断地打给她以万计的月度生活费，从而以金钱来换取他们关系的持续性，同时也给她感情的依赖性。在以经济独立作为心理支持的层面上，她需要有自己独立的工作、独立的职业和独立的事业。她后

来也确实发生了改变，走上了一个自我独立、自主创业的过程，建立了一个自己的培训公司。

在情感层面上，咨询师支持她去正常地和男性建立关系。首先告诉她，她可以开始和异性接触、交往，不一定非得以谈恋爱为目的。过去她只有老板这一个人，在她眼中，他是这个世界上最完美而且对她最好的人。所以她就对其他男性的情感产生隔离。她不愿意接触男性，而且一旦接触了就忍不住开始将其和老板进行比较。而后来的尝试性接触就给了她很多对于男性的认知与了解。在读 EMBA 期间，她认识了一些同龄的单身男性，和老板一样有房有车有事业。这就给了她很多可行性的尝试。

最核心的支持是她要建立自我认同感，从而产生自我依赖和自我安全感。很多时候当人不懂得如何爱自己，并且没人爱过自己的时候，其实自己也并不知道如何去构建出对于自己的信心。最开始来访者说她要是不去工作，就会很焦虑。即使她银行账户上存着数百万的资产，她也会觉得钱总有花完的那一天，或者担心亲友可能有重大事件，经济上不能承担等。对于各种可能发生的情况她都感到很焦虑，同时，她又会对人生抱有很高的期许和期待。

因为之前有人给了她捷径，她获得、拥有并且享受过，因此很长的一段时间里她都不愿意通过自己的点滴奋斗去实现价值。当她回到完全自我独立的状态下，她就觉得很难接受现实，也很难维持原有的生活水准。所以她需要内在构建起对自己的信心，需要在咨询师的支持和引导下，构建自己更为全面的支持系统。让她相信自己能够掌握人生，能够规划未来，她就能慢慢地走出来。不过这是一个道阻且长的过程。

生命的阶段与永恒

所有的亲密关系和与之伴随的情感，都有属于它自己特定的时间阶段和时间节点。我们的爸爸妈妈，在这个看似稳定永久的家庭关系中，他们能够陪伴我们的时间也不过几十年，更不用说他们在某阶段有可能会离婚或者过世。所以我们会看到生命的不可确定和无常。如果我们能够很好地接纳生命的不确定性和非常态化，这将会是我们对安全感最有效的一个弥补方式。

我们经常说要爱自己、爱生活，可是如果从更大的生命历程上来看，爱的存在都是有具体时间阶段的。我们对于过往所产生的不安全感，往往让我们产生执念和贪心，希望爱和依赖能够永远地持续下去。正因为我们的过度不安，我们希望美好的关系是可以永远存在的。可我们需要知道，每一段关系都是有属于它自己的时间节点的。

那么如何去面对生命与爱的阶段性呢？我们可以在关系发生的有限时间里，去好好地经历和享受关系中所呈现的情感体验，而不是过多地去想未来、想永远。很多时候我们以为的永远并不是真的永远，领证、结婚、生子，这些重大事件对于感情而言都不是永远，也不存在任何事件能够抵抗时间，证明永远。当我们去独立地掌握自己的命运时，我们会发现，真正的永远来自学会自己爱自己。这

个永恒性的构建是一个非常艰难而且缓慢的过程，需要拥有事业、生活、情感等一系列基础作为内在支撑，这样我们对于深层次情感的需要才会变得良性健康，进而能够得到并享受。

过往缺失是无底洞

一段关系的发生往往能够反映出我们过往的缺失。我们会发现，对缺失的弥补实际上是个无底洞，它永远也弥补不完。我们不能无止境地往里面填，因为它会像一个黑洞般吞噬一切。那么这个无底洞要怎么去对待？咨询中最有效的方式就是把这个无底洞圈起来，盖上一层土，在上面种上一朵花，来完成这样一个仪式。我们可以通过照顾它、纪念它，或者举行一个更加具象化的仪式，来把无底洞盖成一个寺庙或是殿堂，让我们能够在里面举行祭祀和祷告。

除了纪念仪式，我们也可以从各个方面去进行适度满足。比如说这个来访者因为父爱的缺失，更多地想去找一个父亲般的恋人，让童年缺失的滋养在成年恋爱时得到满足，这是可以的。但是值得注意的是，没有人能够完全符合我们不断拼凑出来的样子，他们也不能够完全替代过往缺失的那些角色。过度去弥补缺失，往往会导致我们更为盲目地投入一段亲密关系之中。

爱的前提是对生命的尊重

对爱的追求是每个人的权利。在情爱关系当中，特别是在婚外情关系当中，很多时候人们甚至会去赌上自己的生命和一切，这是非常具有伤害性的。正如来访者的老板，他也曾经拍过裸照和性爱视频来威胁、控制她。当双方都以愤怒和伤害来让彼此捆绑在一起，共同卷入到相爱相杀，甚至是落入付出生命代价的境地里时，双方或其中一方很容易产生抑郁症、强迫症、焦虑症等情况，更可能出现自残、自杀等极端行为。

我们需要强调我们对于生命的尊重，这是我们彼此之间一个爱的前提。不去伤害和作践自己的生命，这是一个底线。而所有情感的付出，我们是要在爱自己生命的基础上才去做的。我们常说，情感基础背后一定有物质基础的存在，其实还有一个更大的基础前提，那就是生命的存在。作为一个心理咨询师，我始终怀抱着一个很接纳的心态，认为一切情况都有可能发生，一切情况背后都有它所发生的深层动因。当我们都怀抱着这种心态去看待他人，那么我相信这个世界就会是一个包容的世界。

情感缺失：闪婚闪离里的性与爱

——「在变化万千的依恋关系里，自己才是天地间最能够永恒稳定地去依赖的那个人。」

咨询案例

　　这个来访者从履历上来看是一名很优秀的女性，本身形象气质非常好，能力也相当强。她第一次进入咨询室的时候刚刚离婚不到三个月，正处于一个很抑郁的情绪状态中。她和她的前夫都是名校精英，她是重点大学毕业，又去欧洲留学过，海外毕业回来之后在父母的撮合下认识了当时的男朋友，一个履历同样非常光鲜，通过竞赛被保送进入重点大学的优秀男性。可以说这是一个学霸和另一个学霸在一起的故事。他们两个人谈恋爱不到一年就闪婚领证了。然而，婚后第一年的生活并不像期待中的那样幸福，两个人经常产生矛盾，生活中充斥着吵架和冷战。用来访者的原话来说就是，"一个优秀的基因碰到另外一个优秀的基因，带来的反而是一场灾难"。

在不幸福的婚姻中，特别是在她怀孕期间，她和前夫一直处于分居状态。当时双方父母和朋友都纷纷劝慰她，认为孩子的出现可能是他们感情生活的转机。可是产后她却发现，孩子的出现并没有给双方的感情带来期待中的转机，再加上她听到了自己丈夫和其他女性的种种传闻，巨大的失望与愤怒使得她产前产后都处于抑郁状态里。由于双方矛盾越来越深，在几经分合之后，两个人终于做出了离婚的决定。

亲密关系的幻想与现实

在梳理来访者情感经历的过程当中，我发现她在情感关系上存在着很大的问题。她在本科期间属于学校里的学霸，但本身长得比较瘦小不够显眼，所以本科期间她几乎都没有被异性注意到过。直到大四的时候，因为喜欢上了一个师兄，她才开始关注外表，打扮自己，开始敢于表达喜欢和爱。但当时这个师兄是有女朋友的，两个人就开始了一段无疾而终的地下恋情。然而这场没有结果的恋爱，对她而言却是刻骨铭心的，是她心目中最为美好的一段感情。所以后来她会对爱情存在很大的幻想。

而在这种巨大的幻想中，她也不会主动去经营自己的婚姻。所以来访者的核心问题就出现了，她在情感模式上，处于一种亲密关系的缺失状态。在亲密关系的经营上，她和前夫的经历都是一片空白。而这片空白也让两个人直接从相亲认识到闪婚领证，从忙学业到忙事业。虽然他们从过去到未来都对自己的人生有着十分明确的规划

和追求，但是当他们结合到一起的时候，彼此情感的缺失也使得双方在情感上都不能给予对方想要的支持，从而产生了很深的隔离，造成了很大的伤害。所以这段婚姻走向终结很大程度上在于，双方都缺乏经营亲密关系的能力。他们将理想情感投入到半空中，却没有学会怎么让情爱在现实中落地。

在来访者离婚前后，还有一条重要的情感引线一直在起作用。在她经历痛苦婚姻的过程中，她常向她的师兄深夜打电话倾诉。此时这个师兄刚刚留学归来，在一所上海的高校当教授，正处于意气风发的人生阶段。在这期间，师兄给她提供了很多经济资助和情感支持，两个人的关系就又变得很密切了。有一次师兄来北京开会，两个人见面后就突破了原有的情感关系，在酒店里发生了性关系。这样的关系进展，让她感到无比惊慌失措，难过绝望。

超理性带来的抽离

虽然有过纠结和挣扎，但她仍然能做到不失热情，不忘理性。首先，她立刻与师兄划清界限，拒绝了他后来的经济资助，防止把这段以情爱为初衷的关系变得更加复杂。随后，她寻求了心理咨询的支持，让自己慢慢变得更加平和笃定，以一种抽离的角度重新回看曾经发生的一切，回顾自己的体验和感受。

来访者开始去思考自己在这段关系中真正的心意和愿望，从而在情、爱、性这三方面进行调整。对于来访者而言，她对师兄的情一直是比较克制的，而爱的成分中更多的是依赖、欣赏、理解和认同。

此外，她对于性的理解一直都很保守传统，本身也从未在性方面获得过愉悦和快感。性对于她而言，一直是被压抑的一个内在幻想。而对于师兄来说，他们之间的情、爱和性都是紧密交缠的。他希望有这样一个彼此倾慕的人，相互喜欢，相互陪伴，同时又可以有安全稳定的性关系。

所以在情、爱和性这三个方面，他们双方的需求并不一致。在需求不一致的时候，不仅仅是看我满足你，还是你满足我，更重要的是在这个阶段里，双方要相互寻求到彼此都能接受的共同满足点。她最终也找到了一个笃定的情感依赖点，让她和师兄的关系从有爱、有情、有性，慢慢变得仍然有爱，然后慢慢少了很多情，也慢慢完全没了性，从而把对师兄的感情转变成了良性健康的爱。

我们常常谈论的道德和不道德只是社会层面上的，对于个体层面而言，情、爱和性这三种成分才是我们更要去关注的。在我们中国传统道德文化的整体氛围里，性是被否定的，是被压抑的，更多只是作为一种生殖繁衍的本能需要。在社会约束和道德压力下，性很难被我们看作是一种爱的愉悦和表达。于是人们难以把它放在阳光下去谈论、去经历，这使得我们启用了假自我来进行自我保护，从而封闭了真实的自我，隔离了内在的需求。

这个来访者在谈到性的时候，会感觉到自己好像是在出卖自己，从而产生一种强烈的羞耻感。从她的成长经历来看，她还是更擅长通过学习、工作、赚钱去达成自己的心愿。在爱里，她会把师兄当

作亲人，在自己最困难的时候寻求他爱的陪伴和支持，只是后来在二人交往越来越密切的时候，她才发现自己对他有了真实的性需求，从而产生了自我封闭。而且她对咨询师也会相应地呈现出自我封闭。在咨询时，我们会不断地探讨她对咨询师的移情，她会反复确认她对咨询师的感情是爱，是喜欢，还是正常的咨询情感。

构建核心自我支持

虽然感情牵动人心，但它也只是生命种种可能性当中的一个组成部分，我们仍然会不断地寻求自我的独立和自我的认可。因此，我们要学会主动寻求自己爱自己的方式。来访者在咨询的过程中，慢慢重建了自己的依恋关系。当她和师兄、前夫、孩子的关系变得正常化之后，她开始审视自己和自己的关系，开始尝试进行自我依恋。她先是去了英国读研究生，这段海外学习经历也给了她更高的眼界和更好的机会。在新的工作中，她找到了更为稳定的情感依赖，也在现实世界中得到了更好的经济收入。随后她慢慢地还了师兄曾经给她的钱，这让她重新获得了平等心和自尊心。

我们可以看到，她逐渐构建出了一个相对完整的心理支持系统。在这个系统构建的过程中，她先是重新梳理自己和师兄的依恋关系，然后慢慢在儿子的成长过程中给予他陪伴和支持，对于前夫也给予了适当的理解和认可。在重要关系渐渐良性发展之后，她也从当年的那种纠结抑郁的状态中慢慢走了出来。随后，她开始将依赖从他人身上逐渐转移到自己身上，通过在工作事业方面的发展来建立核心自我依恋。所以整个咨询到了后来，她基本上每三个月来见我一次，每次主要谈的都是自己工作的事情和事业的发展。她在上司的全面认可之下，在不到三年的时间内连续提升了五级，成为整个集团在亚太地区最年轻的总经理助理，这在他们集团历史上是非常少见的。

当她把依恋关系中的每一条主线都梳理清楚，把每一个支持系统都建立起来，她也就逐渐获得了更为丰满的完整性人格。后来她也慢慢学会了如何去处理职场和情场的复杂问题，知道了什么是职场中的尔虞我诈，什么是情场中的真情假意。她会不禁感慨自己在自我成长方面得到了很多提升，现在的这个自立自信的女性和当年那个在情感关系中困顿失意的女孩判若两人。

主动滋养自己和他人

人与人之间会有很多种关系，关系里也会有不同层面，情爱在这里面被人们赋予很多温暖和温情。有时候情爱并不局限于具体的社会关系或是人际关系，它是多重并存的。那我们就来看看它到底是利我还是利他，双方在关系里是互相利用还是互利共赢。我们相信，好的感情是以相互感到愉悦和获得滋养为宗旨的。当我们感到难受纠结的时候，就应该停下来问问自己，自己在这段感情当中寻求的到底是什么，是单纯的喜欢和占有，还是更为复杂的精神寄托和情感证明。

我们时常感慨人与人关系的瞬息变化与稍纵即逝，然后感叹亲

情、爱情、友情都靠不住。在内心想依赖，而现实靠不住的矛盾里，我们可以看到自己的情感缺失。在这种缺失里，我们一直处于一种被动状态，没有主动去学习如何构建自己的亲密关系。我们更多的是在情感缺失中等另一个缺失的人来填补自己的缺失，最终导致的是对自己和他人的双重失望。

所以我们要尝试去训练拥有亲密关系的能力，主动滋养自己，也主动滋养对方。在互相滋养的过程中，自己也更容易获得来自对方的滋养。当我们的生命呈现出一种打开状态，也就给了他人一个参与进来的广阔土壤。正如这个来访者，当她主动调整和修复与师兄、前夫和孩子的关系之后，她也在他们身上获得了支持和力量。当她主动在每一段关系中注入更多的温暖，她也在每一段关系中得到更多的温情。

在生命的无常中建立有常

在寻求情感依恋的时候，人们往往会觉得更容易从他人的身上获得。其实，在他人身上是最不容易获得依赖和依恋的。人类很矛盾，我们都渴望永恒不变的爱与关系，可是只要是人就会有变化，而我们所渴望的依赖对象恰恰又是人。从生命历程上来看，我们在不同的人生时期，都有着不同的亲密关系，在关系中有着不同的依恋，在依恋中有着不同的情感体验。我们更容易获得的稳定关系，是对工作事业的依恋，对兴趣爱好的依恋，以及对具体物件的依恋。

可是有时候，工作事业会停摆，兴趣爱好会转移，无比珍视的古玩字画会日渐磨损腐蚀，深深依恋的宠物也会逐渐变老死去。这些生命无常所带来的创伤，都会让人忍不住产生那种对于生命深层次的失控感。在这巨大的失控里，我们能够做什么？那就是在无常的生命中，通过自己的努力去创造出属于自己的有常。我们可以将注意力注入当下，想一想花怎么养，书怎么阅读，运动怎么让身心变得更轻盈通达，工作怎么完成得更出色、更有创造性。

我们终将意识到，在这变化万千的世界之中，自己才是从生到死最能够持续永恒去爱自己的人。我们对外探索是为了更好地对内观照，我们学习知识和技能，理解世界运行背后的规律，懂得社会关系下的人性，都是为了让自己更好地去理解自己和爱护自己。看得清楚，爱得明白，我们就能够更好地活出属于自己的快乐、意义和价值。

婚姻空壳性：用出轨来满足征服感和占有欲

——「看到一个个向上恣意生长的生命，开始向下缓
缓扎根，这是作为咨询师的幸福与满足。」

咨询案例

这个案例最主要呈现出来的是进入婚姻之后，情感亲密关系中
的空壳性。这位女性来访者和丈夫都是很优秀的"85后"，两个人
是本科校友，读完研究生之后双双留在北京工作。外形、能力出众，
高知高收入，很多来咨询室做情感婚恋咨询的夫妻都是这样的。男
方十年前在很好的大环境下进入互联网金融行业，公司销售规模数
亿，他自己年收入也过百万。女方大学毕业之后就一直在北京读研、
工作，对未来的发展也很有想法和规划。

他们两个人在交往之初，对于女方来说，她最开始看重的并不
是恋爱关系里的情感依赖，而是物质依赖，也就是人们平时所说的
门当户对。她更多考虑的是这个男朋友有没有房子，有没有车，家

庭条件如何,然后对这些因素进行衡量评估,最终决定两个人在一起。这个女来访者的家庭条件在当地算是相当好的,家里有好几套房产,父亲属于央企里面的高级工程师,母亲是一个上市公司的总监。在这样的家庭氛围里成长,她在性格上就会比较独立和强势,自我控制力很强,自我意识也很强。而且她一直很注重物质条件,并且在物质上很有主见和投资意识。她在工作期间发现北京的房价处于低谷期,于是就果断买了一套将近 200 平方米复式结构的房子,现在市值已经翻到上千万。可以说她很习惯于通过物质依赖给自己带来安全感。

所以当她遇到这个男人时,最吸引她的地方就是男人的外在形象和工作收入。从一开始,她在关系建立上就比较主动,经常发出约会的邀请。男人也是看着女来访者形象好、能力强,在北京也有房子,有户口,有工作,认为她在条件上是非常适合结婚的对象。所以两个人在认识不到一年的时间就决定结婚了。在结婚初期,两个人都还是各自很看重自己的事业,一方面女方想再换一个更有发展前途的工作,从而进入金融行业,另一方面男方也想继续在事业上有所开拓。

在感情方面,两个人的过往经历就相去甚远了。女来访者的恋爱经历几乎是一片空白,没有谈过完整的恋爱。而这个男人可以说是一个非常典型的情圣,在外面有很多段同时进行的恋爱关系,而且不管有几个女朋友,都会和她们产生所谓的真爱。在两

个人交往初期，男方其实还没有和当时的女朋友们分手，私下里还有频繁来往，甚至在他的前女友们结婚之后，他依然会和她们保持性关系。由于这个案例在感情方面相对复杂一些，咨询师持续做了有三年半的时间。

婚姻的另一张面孔

在他们婚后，男方不断地发生情感出轨，特别是在工作出差期间，经常发生性出轨。每当男方回家前，他都会把手机进行消毒一般的清理，将所有信息清空。而她则像一个女侦探一样细心地搜集可疑证据，从信用卡消费记录到网站购物记录，统统调查取证，然后和老公进行冷战和对抗。老公的原则是一开始死不认账，之后每次的认错都特别发自肺腑，表态也十分情感真挚。可表态完之后，她会发现他和其他女性的关系还在继续。

虽然她始终在咨询室里探讨要不要离婚，甚至是拿着照片、视频来和咨询师探讨，但是她实际上显然是不愿离婚的。于是就有了后来漫长的痛苦纠结期，她也表现出了很明显的抑郁和焦虑，这些负面情绪也对她的身体状况产生了影响。

没有情感链接的空壳

在这期间，他们的故事就出现了情感的空壳性：两个人同住在一个屋檐下，却过着各自的生活。即使他们会共同参与家庭活动，拥有事件上的链接，但已经没有情感上的链接了。他们回到家几乎都是各自过各自的,男方晚上还经常以加班应酬的名义很晚才回家。由于他们的房子是复式结构,所以有的时候男方回到家就会直接在楼下书房里睡觉,而她在楼上卧室里睡觉。所以他们完全是室友般地生活在一个空壳里面,谁也不踏进对方的生活空间里。

在结婚将近四年的时间里,他们也没有共同经营的有效家庭事件,既没有做饭、做家务来创造家庭生活氛围,也没有约会、旅游来焕发激情和升温感情。而且他们之间的性生活也慢慢没有了,也就是情感和性的链接都断了。同时,他们彼此之间还经常会用所谓的怀疑或是证据来指责和攻击对方对婚姻的不忠,这更是加速了他们链接的断裂和关系的解离。这个案例中,两个人后来其实并没有离婚,而是一直保持着一个空壳婚姻。后来当双方都意识到问题,想要往共同方向走的时候,却发现很多深层内容是很难去重建的。

我们看到他们春光满面地走进婚姻,在婚姻的一张充满温度的面孔下对未来怀有很高期许。而在婚姻的另一张没有温度的面孔下面,更多的是对本能与人性的照见,对权衡与博弈的熟稔。正如他们两个人,表面上都在讨论是否离婚的这个问题,实际上都在各自暗暗评估离婚的成本。

从情感依赖到有形依赖

整个过程中他们两个人都很看重物质财产,认为这些有形依赖会带给自己更多的安全感。在背后强烈的不安全感的驱使下,女来访者就把无处安放的情感依赖都投注在这样一个稳定坚实的物质基

础之上，形成有形依赖。比如，女方会要求男方上缴工资卡，要求每个月给自己一定数额的生活费，也一直要求在房产证上写上自己的名字。男方口头上答应了写女方名字，却一拖再拖，直到最后也没有写上，因为他觉得房子首付大部分是自己出的。即使他们这种所谓的安全感已经足够强大，他们也已经得到了足够多的物质财富，却都觉得还不够，双方都还想继续不断地获得。

后来，这种彼此的衡量和争夺逐渐演变成了各种各样的条约条款，比如借据和保证书等。每次吵完架之后，她都让老公写保证书，老公每次也都写得特别深刻，勇于认错，却坚决不改。她把这些书面表达都保留了下来，和咨询师说，这以后都是呈送法院的证据。后来在咨询师的建议下，她问过律师才知道，其实这些都不能作为划分经济财产的依凭。后来每次发生争执之后，她就直接上升到协议，让老公签一系列协议来直接转移财产。但是后来她也发现，公证处并不能对她手里的协议进行协议认证。我们会看到，她每次都希望通过更进一步的财产掌控来获得新的外在平衡，但其实每次都会带来更大的内在不平衡。

有形依赖并不能保障爱情，也不能保障婚姻。超理性可以让人们通过很强的认知逻辑来获得依赖，让不安与焦虑通过在对固定资产的把握上得到一定程度的缓解。但是很多内在情感却仍然释放无门，因为有形依赖并不能够提供情绪释放的出口和情感解决的渠道，我们还是要回到情感依赖当中去寻找。

异性关系的混乱占有

在夫妻关系的缓和期里，男方虽然想要稳定家庭，但后来还是在接连不断地和其他女性保持亲密关系。在和男方的咨询过程中，咨询师发现他与女性在情感关系上呈现出了很大的问题。问题来源于他和母亲的关系模式，一直是控制与被控制、伤害与被伤害。此外，他在童年时期还经常被母亲寄养在其他亲戚家中。所以他和女性的关系就会出现依赖、依恋的复杂性和混乱性。

复杂混乱的背后是母子关系对他造成的深刻伤害，从而引发他对女性很强的对抗欲、占有欲、报复欲等。在现实行动上，他不断通过对女性的吸引、征服和占有来证明他在女性心中的位置和分量。这也导致他一直很抗拒通过心理咨询来进行梳理澄清，还是坚持本能自我地随性而为，从而和身边的女性在靠近与推开之间拉扯徘徊。

男方总共来咨询过三次，第一次来见咨询师的时候，特别诚恳地表达了想要改善夫妻关系的意愿。后来他发现，咨询师似乎带有倾向性，咨询方向对自己特别不利。他也深知，关系中几乎所有的情感问题和性爱问题全都指向了他自己，所以他在咨询室里开始表现出特别强的防御性，后来就再也没有出现过。而他所认为的倾向性其实是因为咨询师在不了解这位来访者的时候，需要对其有一个采集和评估的过程。

情感依赖的不同表达

更加充满故事性的事件是，男方情人的丈夫找到了女来访者，他们还调到了酒店开房记录和监控摄像头的拍摄画面。后来女方发现，自己丈夫在不同的地方都会有不同的情人。其实这种男性身上的恋爱特质非常明显，他们不一定优秀，但是会很受女性喜欢。面对女性的簇拥和工作出差时飞来飞去的压力与孤单，异地婚外情就自然而然地成了他宣泄、依赖和寄托的方式。

而他渴望在婚姻中获得的东西，自己老婆实际上是不愿意给的。他渴望得到女性柔弱的部分，比如依赖和撒娇，而老婆呈现得更多的是强势的部分，比如控制和独立。在婚姻生活中，他渴望有人能照顾家庭，而女来访者觉得这是保姆要做的事情，不是老婆应该做的事情。因此，这种现实式的依赖就没有被构建起来。而和男方身处不同城市的情人们，每月才见一次面，每次见面不是高级餐厅里妆容精致的眼含柔情，就是酒店里浮华褪去的目送温情。所以这就给了他一个幻想式的依赖，让他被依赖和被照顾的需求得到充分满足。

对于女来访者来说，自己的丈夫把情感依赖和性依赖投注到别的女性身上，让她深受伤害。特别是在面对眼前无比刺目的证据时，她陷入了深度的抑郁焦虑之中，甚至影响到了女性生理周期。有一次丈夫的情人给她发了两个人的性爱视频来逼迫他们离婚，她出离愤怒，想要把事情闹大到无法收场的地步，让丈夫失去所有的依凭。

后来，他们的婚姻关系在咨询室里得到了持续性的分析处理，特别是围绕女来访者的婚姻诉求展开分析，来访者也渐渐平息了怒火，回顾并梳理自己想要获得什么，从而避免了一场潜在危机的爆发。这是心理咨询在生活背后产生的意义和价值。

女来访者第三年再次踏入咨询室的时候已经怀孕了。她说，其实自己是在为自己生孩子，不是在为男人生孩子。她把对丈夫的依赖和依恋转移到腹中这个新生命上，她也在这段新的关系中得到了满足。我们不去评判和预估这种依赖替代是好还是不好，但是至少让她在当下混乱糟糕的状况里，获得了难得的平和与安宁。

婚姻里的自我依凭

婚姻如同海上雕塑，也许坚如磐石，也许在海水冲刷下细沙般慢慢跌落，也许海浪拍来就彻底坍塌。正如这位来访者，也曾身处内忧外患之中，差点让婚姻甚至整个人生倒塌。在和老公纠缠得身心俱疲的时候，她父亲又因为癌症过世。当想要依赖的东西一件一件不断失去时，对于生活乃至对于生命的丧失感就会出现。此期间是心理咨询持续在给她支持，让她在依恋不断瓦解的时候内心能有一个支撑。

烟火气里的安定感

人们对于爱情这个主题有着极为强烈的演绎欲，也使其产生了极度的梦幻与张力。我们听闻一段段经典爱情故事，看男女主角如

何脱离现实，在幻境中沉迷和得到释放。相比于爱情故事，婚姻故事则显得更为世俗化和庸俗化，因为在理想中的情爱生活之外，婚姻还多了现实中的烟火气息。而平凡的烟火生活，却是婚姻生活的主要组成部分，也构成了我们漫长的人生。

婚姻都会落入眼下的烟火里。这些生活中的烟火气，和资产、事业、孩子、原生家庭以及社会关系一起，让婚姻生活不安定。承认烟火气很容易，学会和烟火气共同存在也不难，可往往我们想要的更多，需要的也更多。我们偏偏想要在不安定中寻求安定，在不稳定中维护稳定，这就使得恋爱到婚姻的转变难度呈几何级数不断攀升。如果说爱情让我们体验如何对抗拆解，那么婚姻则让我们习得如何维持保护。它们看似矛盾，却也统一。这其中如何慢慢去转化，只有我们自己才能够体会和了然。

让信念感随生活扩容

回顾来访者的人生故事越多，越会有一种强烈的感受：人生的悲喜剧情是难以预测的，有时候我们甚至连其走势也无法预判。所以我们的生活需要信念感，这是对自己需求的确信和对自己选择的笃定，让我们得以在婚姻中站稳脚跟。爱情中的信念感纯粹而简单，而添加了很多不安定与负重因素的婚姻里，信念感则很容易被稀释，正如一条溪流汇入山川河流。

在生活扩容的时候，我们的信念感也要随之扩容，这需要我们长期对其注入力量与内涵。正如这些来访者们，在漫长的个人生活和咨询陪伴中，学会将投注在情感上面的注意力和精力，慢慢扩散到人生其他各个重要组成部分上面。从身处一段完整婚姻仍感到心神不宁，到即使生活随时解体也保持坚定从容，这是他们很了不起的成长变化。咨询室里见证了太多这样的人生故事，看到一个个向上恣意生长的生命，开始向下缓缓扎根，看到了他们对人生的信念感从深而单一变得广而持久。这是作为咨询师的幸福和满足。

本能欲望：是否存在绝对忠诚的婚姻

——「人生的成长性就是让我们经得住浮沉和打击。然后，等闲安定的人生能过，充满变数的人生也能过。」

咨询案例

还是上一篇当中的来访者，我们可以看到人们眼中的天作之合背后的婚姻空壳性。如果说这段关系中贫乏的情感日渐侵蚀着他们漫长的婚姻生活，那么男方的婚外情则如同利剑穿心一般，对女来访者造成了很大的打击。随后在咨询期间，她和丈夫经历了很长的一段婚姻纠结期，然后在其中各自权衡利弊，相互拉扯争夺。

当来访者想要离婚时，丈夫强烈表示不愿意离婚，然后通过甜言蜜语和保证承诺来留住对方。但是后来她也发现，一切都只是空口诺言，她并没有等到她期待的改变和转机。于是她就陷入了离婚还是不离婚的持续的痛苦纠结当中，一方面觉得自己离婚之后也很难找到条件更好的人，另一方面又觉得自己的丈夫难以掌控和改变。

无论走向哪一种选择，都有她难以接受的现实问题。

　　似乎婚姻走到这里，他们双方都被按下了暂停键，停顿在了当时的状态中。可正是在这种静止当中，很多潜藏已久的问题才有机会浮出水面，得到迟到已久的审视和思考。

人性输赢的博弈

　　在咨询室里，"80后"的年轻人有一个很普遍的特征，就是彼此之间经济独立。这种经济独立不仅意味着收入独立，更多的还是支出独立。女来访者和丈夫两个人平时各自负担各自的日常生活开销，但是在数额比较高的家庭支出上，比如出国旅游和在职教育，来访者还是会忍不住想让对方多去承担。其实丈夫是可以接受的，但是他希望妻子能因此对自己态度好一些，姿态软一些。后来，发现得不到妻子的软语温存，丈夫也开始以彼之道还施彼身，对妻子也有了经济方面的保留，这就导致他们在金钱的问题上从独立走向了较量。

　　他们之间的较量还体现在日常交流当中。有一次，她使用对方电脑时，无意间发现自己的丈夫居然有三个社交账号。登录后发现，在她仅仅知道的那个账号中，丈夫的很多朋友圈消息还把她屏蔽了，而且之前很多秀恩爱的朋友圈设定的也是仅她自己可见。来访者在愤怒之下，也采取了同样经营社交账号的方式来暗自较量。后来，两个人之间的心理博弈愈演愈烈，双方眼里只有输和赢，而忘了走进婚姻的初衷。

如果去反思和觉察婚姻，我们会发现，很多时候当我们放下彼此博弈的心理，一个主动靠近的姿态相比于一份暗自蓄力的较量要有效得多，也舒服得多。女来访者就发现，当她对丈夫示好和嘴甜的时候，比如做个烘焙或是买个小礼物，丈夫明知道她别有目的，还是会非常开心地接受，并且心甘情愿地帮助她达成那个目的。在她为丈夫准备了三次烛光晚餐之后，丈夫就忍不住开口询问起妻子最近的心愿。于是她就把在职教育的录取通知书拿了出来，丈夫也一改往日的行事作风，痛快地承担了她的全部学费。

很多时候人性最大的问题就是对于输赢的执念，想要赢过对方，或是不愿意输给对方。然后彼此把精力白白浪费在了内部的损耗上，而不是投入婚姻关系的滋养上。很有意思的事情是，我们常常会把需要当作是认输，一旦发现自己需要对方，就觉得自己快要输掉了。如果我们始终把另一半放在对立面上，那我们需要把对方彻底打败甚至是毁灭，才能给这份执念一个结局。而这个结局，往往是两败俱伤。

关于婚姻忠诚的认知

女来访者在这段婚姻里所经历的最深的情感伤害，来自丈夫对于婚姻的不忠诚，也就是他一段又一段的婚外情。在这个过程中，她也在一步一步地突破她自认为的底线。最开始，她可以接受丈夫因为工作关系，喝酒后有偶然的性伴侣，她觉得只要丈夫不把人带回家，自己勉强可以接受。后来她发现，丈夫和他当年的高中同学还一直保持着情人关系，虽然丈夫保证对她没有真感情，但是女来访者已经不敢相信，也难以接受了。我们可以看到，从坚持绝对忠诚，到接受身体出轨，再到面临精神身体双重出轨，面对婚姻的不忠，除了一刀两断，还有很多人会经历一次次的妥协，他们的底线也一次次地被挑战着。

婚姻的不忠，是人们探讨当代婚姻时绕不过去的一个话题。除却道德层面的谴责，我们也要考虑本能层面的欲望。女来访者的丈夫本身就流连于声色，并且他还非常具备吸引异性的特征。对于女来访者而言，她要么有足够的竞争力来驱赶丈夫周围所有的女性，要么有足够的吸引力让丈夫安于当下的亲密关系当中，如若不然，她总是要面对人性最原始的欲望。其实对于动物性繁衍的接纳，也是对人性接纳的一部分。无论高度发展的文明为人性铺上多少层滤镜，本能的动物性始终是人性的底色。

没有完美的婚姻，也没有绝对的忠诚。或许我们很难接受这个事实，可身边的现实也往往是从完美绝对的期待中，不断调整，不断妥协，然后形成一幅幅不足为外人道的画面。从需求的角度来看，每个人在婚姻中都有很多想要获取的东西，而忠诚只是其中之一。我们会发现，无论是婚姻选择，还是自我认知，我们的话题始终离不开的核心就是，我们到底想要什么。

女来访者的丈夫外形出色，能力出众，这是她所得。而她所不能得的，是丈夫在婚姻里的绝对专一。自己看重的却是对方不愿给的，

这些冲突就会带着人们走向纠结。于是我们强调内心诉求，清楚自己想要在婚姻中得到什么，这样每一项需求才能有顺应内心的权重。后来，两个人都在婚姻的不断调整当中得到了自己想要的，女来访者通过不断妥协来获得安定，丈夫也尝试配合来获得他想要的平衡。不同的诉求会带来不同的权重，然后带来不同的选择和调整，这是婚姻里的多面性。

饶恕和妥协

很多人都会在婚姻里犯下我们所谓的不可饶恕的错误，关键是怎么去认知和对待。其实我们最终饶恕的，不是对方，而是自己。这也是我和很多来访者不断在探讨的话题。如果最想要的是对婚姻的绝对忠诚，那么错误出现之后，我们可以放弃这段关系转而寻找下一段，但是下一段关系里我们也不确定对方是否会犯错。我们也可以选择独身，但这也带来更多的风险和挑战。当这两者我们都不愿去选择的时候，我们就会走向对现实的妥协。相比于选择，妥协才是我们真实生活的本质和常态。

从现实的角度来看，离婚并不是解决婚姻问题最有效的途径，更不是唯一的途径。女来访者看到过自己的丈夫和其他女性的消费账单和开房记录，听到过第三者在电话中对自己的轻视和嘲讽，她在无数个时刻下定了决心要去离婚。可是，小说和电影可以以离婚作为故事的结局，而真实的人生没有结局，离婚也并不一定能促成多么珍贵的人生转折点。文学的起承转合映照的是现实的冗长无趣，唯有不断地认知、选择、妥协和调整，才能不断地在成长中获取自己想要的东西。

如果从自身需求出发，仍能饶恕对方的错误，那么妥协也是对自己的尊重。所以我们才会说，真正要去原谅和放过的人，是自己。在丈夫下定决心和情人切割关系时，情绪失控的第三者还曾去丈夫的公司宣扬这段秘事，后来还是女来访者主动帮丈夫处理了过去。旁人看到的是她的隐忍压抑，我们却能够从更深的理解里，看到她对自己内在的顺应。

婚姻如同车轮碾过大地，每时每刻都有新的轨迹产生。如果始终盯着过往的车辙，那么前方的道路也就难以好好走下去。心理咨询并不是否定离婚，也不是宣扬忍婚，而是希望人们可以在更好的自我照见中做出更清晰的决定。很多来访者最终都会选择停留在婚姻里，因为他们都看着长长来路，找到了属于自己的方向。

心理咨询的走向

可能很多人看到这里会发现，来访者的人生走向，和外界对于心理咨询的普遍预期是不太一致的。对于那些因为婚恋问题而走进咨询室的人，大家可能会期待他们修复婚姻的伤痕，或是找到下一个幸福。然而现实往往并非如此。在这里我特别想要表达的是，心理咨询绝对不是万能的，它解决不了所有问题，甚至都难以解决很多人生重要问题。其实心理咨询的核心意义在于陪伴，陪伴的意义就在于来访者在这个过程中可以慢慢拥有坦然面对生活和生命的能力。

亲密关系

在咨询的不同阶段，咨询目标是不一样的。我们可以回顾一下这位来访者两年多来的咨询经历，来看一看具体的咨询目标是如何变化的。

在第一阶段，她的咨询目标非常明确，就是自己要不要离婚，要不要放下这个男人。问题困扰的背后，是已经影响到她正常生活的焦虑和抑郁情绪。咨询师需要在这里将问题进行梳理和转化，所以在前面的五到六次咨询里，咨询师像容器一般接住她的情绪，让情绪得到稳定的她对于自己的情感关系形成新的认知。现实困扰虽然还是存在，但是对来访者情感状态的影响已经明显降低了。

到了第二阶段，经历了婚姻认知的形成，她开始去梳理成长经历，重新认知自己的家庭关系。这些多重认知的构建，让她走到了自我认同和自我接纳的层面，从而愿意在其中做出改变。无论是外在形象还是工作能力，她都开始尝试通过行动去获得自己想要的。与此同时，她深层次的不安全感也渐渐呈现了出来。咨询到了这里，也就慢慢下沉到了一个很深的生命状态里。

行走在内心地图里

于是在第三阶段，她会在咨询师这里寻求自我认知的探索。比如自己对于婚姻忠诚的底线在哪里，身体出轨和精神出轨哪个她更接受不了，等等。自我认知的探索，如同在内心地图里完完整整地走上一遍，把过去未曾靠近的地方进行畅通和连接。咨询师就像是她手中举的火把，帮她照亮内心，看清心理地图的构造。

当她停顿在伤害发生的地方，她就会沉浸在痛苦和抑郁里面，不断地回想着丈夫对她的背叛，让每一次回想都成为一个个清亮的耳光，打在她的身心上。而自我认知的调整，意味着要去修通这些通往痛苦的道路，让未来的自己再次走过此处时，疼痛感变得越来越轻。这个过程在文字里虽然只有短短的两句话，但是在现实咨询的进程中，却要经历数年去推演进行。这其中的波折与反复，相信每个人都有自己的体会。

行走在内心地图的过程中，我们借着火把的光亮，正视自己内心世界的各个角落。于是我们成为故事里的主角，用自己的眼睛去看清周围的人事境，用自己的内心去体察情爱苦痛，用自己的大脑去形成自洽圆融的价值理念，然后用自己的选择权去定义人与人的关系、人与事的关系。

后来我们会发现，原来有这么多瞬息变化和难以言说的因素，都会参与到我们对当下的感受和认知里来。进而我们会懂得，自己的选择有原因，他人的选择亦有根由。在内心地图里移步易景有多么容易，就会明白人心变化来得有多么顺理成章。人心沧海也好，世事桑田也罢，人生的成长性就是让我们经得住浮沉和打击，然后，等闲安定的人生能过，充满变数的人生也能过。

强迫性重复：为何总是爱上一个又一个男上司

———「亲密链接的缺失，让人们难以找到归属，难以找到自己作为个体在这个世界上的位置。」

咨询案例

这个案例给我感受最深的就是，以世界为家，可其实没有家。来访者常年游走于世界各国，直到后来她去法国时，认识了她当时的法国男朋友，才想要安安稳稳地定居在那里好好生活。后来她来到咨询室的原因就在于，她和这个男朋友面临分手，而她难以承受这份痛苦，就选择了回国发展并接受心理咨询的帮助。

她对自己的情感经历很是困惑，因为她每次找到的男朋友全是已婚男性，而且他们都对她隐瞒自己的婚姻状况，直到机缘巧合被她发现才一次次地结束感情。她的这位法国男朋友是一家咖啡企业的老板，因为开拓业务常年在全球各个国家工作。他们两个人的相识是因为一次业务上的往来，两个人一见钟情之后就发展成了恋爱关系。于是他们在很长的一段时间里，被合作关系和情感关系紧密地联系着，她也逐渐产生了和他一起在法国结婚定居的想法。

后来发生的事情和她之前的经历如出一辙，她发现这个男朋友在不同的国家和城市都有女朋友，更让她难以接受的是，他在法国当地是有妻子的，只是双方因为感情不和而常年分居。经历了几次情感的欺骗和打击之后，她想要在心理咨询室里寻找一份答案。

来访者在此之前曾经有过一段只维持了一年的婚姻。她和前夫恋爱时感觉很好，可进入婚姻之后才逐渐发现对方身上有很多自己不能接受的东西。前夫的父母非常强势，他也非常听父母的话，每当家庭出现分歧，他都是听从父母的意见和安排。而且他在工作上能力一般，野心不强，慢慢这个男人让她觉得越来越失望，她就果断选择了离婚。当时的她并不知道要去分割财产，一个人拎着箱子就离开了。

情感的重复性创伤

她离婚之后就到了另一个城市，然后进入了一家外企工作。这家外企的老板是一位年龄在 60 岁左右的美籍华人，经常带着她出差办业务，然后逐渐把她培养成了他的秘书外加女朋友。这种亲密关系持续了将近五年的时间，直到她发现老板其实有家庭还有孩子。更让她震惊的是，老板在和自己交往的同时还在和另外一个女孩同居，直到女孩发现自己怀孕来公司和老板谈判，这段隐秘的情感关系才被全公司的人知道。于是，她断然离开了这个男朋友兼老板。

　　她随后的经历与之前惊人的相似，上一次关系里经历的创伤，在当下的关系里又浮现了出来。她进入了一家香港企业，想要在一个全新的环境里自我成长，也想通过投入工作来疗愈过去的情感创伤。可是没过多久，这个香港老板也把她调到自己身边做秘书，两个人在此期间也发展成了恋爱关系。这个老板表面上看上去特别绅士，但是经常在酒后对她暴力相向。后来她不堪忍受，身心痛苦，再一次地离开了。

　　她离婚后找到的三个男性有着很明显的共同特征，年龄普遍比她大很多，事业心强而且经济条件很好。同时，她的每一段亲密关系都很特殊，既有工作上的上下属关系，又有情感上的恋爱关系。在每一次的亲密关系里，她都充分地照顾和支持对方，自己在精神和情感上被卷入得很深。但是与此同时，这三段情感关系都走向了终结。我们可以看到，她在这些具有强烈重复性和预见性的互动中，形成了一种强迫性重复。

　　另外更为重要的就是，在这个特征背后，她一直在寻找一个理想的父亲，能够带给她未曾体验过的爱和全方位的安全感。童年时期里的父亲、第一段短暂的婚姻里的丈夫，都没有带给她想要的那种成熟而强大的保护，于是她会把成熟度和事业心当作寻找男朋友的重要考量。

　　我们可以看到来访者在男朋友身上投射出的父性色彩。她想要现实生活上的支持和帮助，还想要精神思想上的引领和指导，于是她在女友和秘书的双重身份上获得了满足。此外，她飞速提升自己的工作能力，精通多国语言并且熟悉公司业务，然后成为男朋友兼老板的出色的助手。她通过成人时期的努力，来获取孩提时代未曾获取的爱与关注。所谓命中注定的走向，是由很多过往所铺就的。

爱与痛苦的心瘾

表面上她在不断地寻求亲密关系，其实正如她后来的自我觉察，她真正想要的是稳定的依靠。可是对于这些男朋友们来说，他们最为奢侈的付出就是时间上的陪伴。她在情感里最为郁闷甚至是崩溃的就是，她经常找不到人，不知道自己的男朋友当下在哪个国家、哪个城市。有一次在她生病要做手术的时候，她当时的男朋友就忙于事业没有出现。那时躺在病床上的她，体会到了极大的无助和孤独。

每一次的离开都是她自己主动提出的，随即她会感受到强烈的被抛弃感。即使她很早就做好了不能和对方走入婚姻的心理准备，但是背叛和欺骗所带来的伤害并未减轻分毫。可这种主动选择的被抛弃感，也能让她获得关系发展的掌控感。因为人们在潜意识里，都想要回到事态发生的最初时刻，去掌控，去改变。

在前十几次咨询过程中，她慢慢地意识到，自己想要的情感在现实中不可能持续地拥有。过去的她不断重构着熟悉的创伤情境，并把自己置身于其中。每一次出现这种熟悉的痛苦，她都会主动选择结束关系，从而用已知的痛苦来逃避未知的恐惧。在回顾了自己整个情感经历之后，她觉得爱情如同毒瘾一般，不仅啃噬着她的身心，

还让她无限沉沦，失去与命运相抗的力量。

后来她就尝试戒掉这个心瘾，寻求事业上的寄托。她依靠过去积累的经验和资源，凭借自己出色的能力，在一家国际旅游公司里一路发展得很好。她再一次开始了在世界各地奔波的人生状态，只是这一次，她是完完全全地依靠自己，为了自己。在过去，创伤成瘾带来的深刻体验，帮助她去消解生活中混沌模糊的焦虑与空虚。如今，她找到了一个更为健康持久的方式，去解决生活中的常态性问题。

阻滞的内在小孩

她过去家庭里的核心问题，来源于她和母亲之间的关系。她的母亲非常强势，对她和三个姐姐都高度管控，从读书恋爱到工作定居，母亲的影响都是入侵式的。此外，母亲对父亲也有着非常强的控制，父亲中年因病去世之后，她更是把自己全部的精力放在了几个女儿身上。但这里面有个值得注意的现象是，这四个姐妹中有三个都离婚了，没有离婚的女儿很早就出国定居，一直没有回来过。这些内心被过度入侵的孩子，在界限纠缠的原生家庭里，难以形成界限明晰的核心家庭。

除却母亲的极端掌控之外，导致来访者和母亲不合的深层次原因在于，她很小的时候就发现母亲出轨了。她印象很深刻的画面就是母亲把父亲拉到小区里，大声质问父亲有什么证据证明自己背叛婚姻。所以她一直觉得，父亲的英年早逝和母亲对父亲的不忠和欺凌有着很大的关系。在这个原生家庭里，她一直在默默地用自己的疏离来对抗母亲。所以从小时候起，她对于自己的女性身份有很强烈的不认同感，这也影响着她后来女性角色功能的发展。

后来在咨询的第二个阶段，我们一起用了将近两年的时间，不断地梳理来访者内心小女孩和妈妈之间的关系。她回忆小时候妈妈对她的严厉教育，妈妈做主帮她选了她认为理想的大学和专业而自己却不敢反抗。她很多年都没有用过妈妈这个称谓，在咨询室里一直都称其为我们家那个老太太。直到咨询后期，她慢慢在童年画面的复现里面看到了母亲对她强烈而复杂的爱，用成年人的认知模式去和那个一直被阻滞在童年时期的小女孩沟通，然后在现实中和母亲实现和平相处。

原本提供最初的安全感和归属感的人，同时也是带来伤害与威胁的人。于是来访者在很小的时候就形成了一种矛盾的依恋状态，既渴望又恐惧，既顺从又压抑。然后，她就把这种纠结复杂的依恋模式延续到了她成年之后的亲密关系里。

过往烙印的伤害

她和父亲之间的关系也一直影响着她后来的亲密关系。父亲是一个中学老师，性格内敛弱势，在发现妻子出轨之后就一直忍气吞声，之后一直和整个家庭保持着疏远的距离。所以来访者从小到大都没有真正和父亲建立起关系的互动和爱的依恋。于是，她在她的那些男朋友身上寻找父亲的影子，然后一次又一次地踏入与已婚男性恋爱的暗流旋涡之中。

　　她后来在感情里重复着这种熟悉的因父亲缺失带给她的被抛弃感。这种熟悉感会让她觉得，自己仿佛回归到了过去的正常生活之中。正常与熟悉的混淆，让她的人生在某种程度上，上演着自己徒手制造的恶性循环。

　　她在父母身上没有看到感情，所以她自身就非常渴望感情能够出现在她身上，用她的原话来说就是，她想要瞬间极致的浪漫和稳定持久的爱。所以每次进入一段情感关系时，她都会毫无保留地全方位付出，既当秘书又当女朋友来吸引对方的注意力。此外，过去创伤中那些充满张力的情绪，也会影响着亲密关系中的情绪流动。这种高强度、高负荷的情感需求，往往会让对方感受到被吞噬般的恐惧，从而可能加速对方的逃离。

　　但是她也会给这些男性特定的安全感，她既不要婚姻，也不要金钱，而且还不想生孩子。对于已婚男性来说，婚外情最让他们感到恐惧和威胁的所在，这位来访者都不会靠近，这也是她一直会吸引这类已婚男性群体的重要原因。而她带给男性安全感的背后，恰恰是她自己成长经历里的不安全感。她对于婚姻和子女的消极认知，还是源于对母亲影响下的女性角色功能的不认同。

　　心理咨询对于婚外恋情，一直是用一种不加评判的态度来包容和理解的。不加评判所接纳的内容，并不是背叛本身的伤害性，而是背叛行为背后的人性。在过去的十六年里，我做的婚姻情感类咨询中，涉及出轨的来访者就有数百人。对于咨询师而言，看到每个人都在用自己的方式去追求自己的依恋关系，看到每个人身上过往经历的独特烙印，是帮助他们从伤害中走出来的开始。

寻找归属感和位置

在自己内心最不安定的时候，她也会追忆自己过去感情中的美好时刻，通过怀念来和过去的社会关系重建链接，重温温暖，从而获得即刻的归属感。可是，这种遥远又短暂的自我疗愈之后，随即出现的是失去感的加深，然后她会又一次地陷入更深的无归属感中。

于是她不停地驻足，不停地离开，然后拣尽寒枝终不肯栖。来访者所经历的伤害，并不只是人们所看到的情感欺骗，还在于一次次的关系分离。这些悲伤需要被正视，需要被充分体会。未经充分体会的悲伤，让她对于关系一直难以释怀，在心底留下长久的伤痛，影响着自我的完整。悲伤需要哀悼，这个心理层面的仪式是给自己举行的。

人们也许会为了实现自己的理想价值，无止境地向上去满足那些高层次的需求，然后发现，隐痛一般的无归属感总是无法得到消除。因为更为根本的需求，爱与归属感，也需要被正视和体会。后来的她渐渐习惯了独立自由的生活方式，也彻底放下了结婚生子的想法，慢慢建立起了自己的核心朋友圈，实现了经济自由，也有着一个稳定的男朋友。于是她就在北京和世界各地之间游走，过着一种候鸟式的生活。

亲密链接的缺失，让人们难以找到归属感，难以找到自己作为

个体在这个世界上的位置。而亲密链接的充盈，让人们获得力量来走出过往，从而书写当下的故事。我们可以通过游历全世界来不断寻求自我归属感的寄托，也可以通过扎根于一座城市来获得稳定的归宿，或是无所谓形式，只是感受着内心的宁静富饶。归宿可以在脚下，也可以在内心。

第二章

亲密关系

过度抱持：被贴上离婚标签后的生活

——「内心缺口越填越空，因为有些空缺只能自己填补，这是上一段关系留给我们未完成的功课。」

咨询案例

来访者是一个刚结婚不久就面临离婚的年轻女孩子。离婚危机发生在春节期间，新婚伊始的两个人在男方家里过春节，因为过年风俗的地域差异，引发了一场很激烈的争执。来访者觉得自己在这个新家庭里面过得很委屈，而且面临冲突时，自己的丈夫完全不站在自己这一边。于是来访者在大年三十的晚上就收拾行李回到自己家里去了，男方父母对此十分震怒而且难堪，等到过完春节就直接做主让他们离婚。

最早来约咨询的是她的前夫，他当时正在纠结要不要离婚。因为母亲长期以来的强势掌控，还有自己习惯性的自我压抑，他平时是很依赖母亲的。在随后的三个月的咨询时间里，他一直承受着来自妻子和母亲双方的巨大压力，感到十分痛苦和折磨。直到咨询做到快第十次，他决定了要去离婚。面对这个意料之外的决定，女方感到十分崩溃，情绪一度失控。于是这位前夫就把她带到了咨询室里，希望两个人可以通过心理咨询相安无事地度过这场分离。

来访者从第一次咨询开始，情绪就格外不稳定，经常出现悲观绝望的崩溃状态。她反复告诉咨询师，自己根本不想离婚，也根本没想到这样一个任性的举动会导致离婚这样的结果。在咨询初期，她是非常想要逃避现实的，直到咨询做到中后期，再加上她进入了咨询师带领的团体小组内体验成长，她才慢慢开始接受现实，平稳情绪，开始面对自己新阶段的人生。

重新成长的契机

来访者从小生活在一个大家庭当中，是众多子女之中唯一的一个女孩，所以就格外受宠。她家里的生意在当地做得很大，她也在优渥的家境下，从小学、初中、高中顺利上到大学，一路下来没有经历过任何可以称得上是挫折的事情。她的爸爸掌管整个家族的生意，很威严却又独独很宠爱她。她的妈妈是家庭主妇，在平时生活中也非常溺爱她，经常无条件地满足她提出的一切要求。这种双重宠爱让她从小就形成了十分以自我为中心的性格。

大学毕业之后，爸爸通过关系给她找到了一份事业单位的工作，轻松无压力。同时，她的姑父也和单位有业务往来，可以给她工作上的照应。可以看到，她一路走来，在每个人生阶段都有人在照顾

和支持她，给她持续营造着一个被过度保护的小世界，让她觉得自己是这个世界的主宰者。她原以为，自己年夜饭上的任性胡闹会像她惯以为常的那样，得到大家的包容和接纳，甚至是退一步的妥协。但这次男方父母的决定让她从世界中心的位置上跌落，也让她的世界在一夜之间解体。

当她要结婚的时候，她仍然以过去十分简单乐观的思维模式去看待婚姻，觉得就是自然而然地和喜欢的人生活在一起。而婚姻让她从被过度保护的环境里走出来，走到一个更真实的世界中去面对风雨。婚姻中需要的能力、面临的考验、亟待解决的问题，这些都把她再一次推回到成长开始的地方，让她在多年之后又回到了起点，实现该去完成的成长。

觉察人与人的关系

她是在面临离婚期间来到咨询室的，当时的她情绪极度不稳定，时常崩溃大哭。她反复告诉咨询师自己不愿意离婚，不想面对这么大的一个世俗压力，也难以和父母交代。但是对方又很决绝地想离婚，把一切都交给咨询师去谈，不给她一点商量挽回的余地。我印象中只有三位来访者，我给过特殊权利，可以提前半个小时约临时的电话视频咨询，她就是其中之一。我印象很深刻的一次是我正在郊区周边开着车，就接到了她的求助电话，于是我把车停在路边，给她及时提供了电话视频咨询。

电话里的她情绪崩溃，哭诉全世界都抛弃她，哭诉自己人生无望。后来通过心理咨询，我对她进行了安抚和陪伴，让她在哭累之后慢慢想要去面对这件事情。在面对的过程中，藏了许多年的隐患也就逐渐显现了出来。一直以来的以自我为中心，让她只会单方向地索取，不会让付出双方向地流动，所以她完全不知道如何去经营两个人之间动态发展的亲密关系。

过去的溺爱把她推到了一个可以颐指气使的位置上，让她对于关系中控制与争夺的体验完全空白。在结婚之前，她并没有觉察到男方和母亲之间的依恋关系如此紧密，时至今日也没有完成有效分离。 当两个女人从竞争上升到了战争，她才看到了人与人关系中更为普遍的存在：控制与被控制，争夺与被争夺，以及由此引发的无数种情感的复杂交织。

这种对于人际关系更深层次的觉察，让她体会到了关系中更接近人性本质的东西。在一段关系里，我们彼此是否能够给予对方想要的东西，这是我们对于一段关系能够主动去把握的部分。这样的换位思考，对于习惯了以自我为中心的她来说，无疑是一次阶段性的自我突破。创伤中蕴藏着巨大的能量，人可以从创伤中获得新一轮的成长。

离婚后的心理变化

面对离婚这样一个既往事实，人们往往会经历一系列很奇妙的心理过程。首先是面临外在冲突期，特别是当人们过度地活在别人的眼光当中时，会对离婚怀有很深的羞耻感，认为离婚是一件不道德、

不光彩的事情，甚至会把这种羞耻感指向自身，认为只有不好的人才会离婚。当时来访者就背负着非常大的压力，因为当初她的结婚宴席是非常盛大隆重的，几乎所有的亲朋好友都出席了，所以她会觉得如果离婚自己好像对不起所有人。

这个无比沉重的想法如同枷锁一般，带给了她非常大的压力，让她在离婚的初期不敢回家。其实后来她发现，她的父母亲友是能够接纳离婚的，不能接纳的情形更多来自她的消极设想。这些客观存在外加主观想象的外在压力，是外在冲突期最主要的痛苦来源。我们会发现，我们对于周遭想法的关注和重视程度如此之大，以至于我们往往不是活给自己，而是活给社会上的其他人看。

随后进入内在冲突期，人们会陷入很深的自我矛盾中。一方面会有本就想离婚的想法，因为婚姻关系的纠结过程令人痛苦折磨。另一方面不想离婚的念头又会冒出来，然后想去解决婚姻当中出现的问题，而不是解决婚姻，毕竟离婚所要面对的生活不确定性会更大。人们在矛盾挣扎中会发现，自己哪一个想法都不敢去面对，然后在几乎没有余地的夹缝中徘徊不前。

来访者在经历了冲突时期内心的质疑、否定、回避和逃避之后，慢慢就进入了承认、面对、接受和接纳的状态。心理咨询在此期间给她提供了一个内心的缓冲空间，让她在经历不同内心时期的时候都拥有来自他人的稳定的支持。

婚姻状况不是标签

有一个很有趣的现象，有很多处理离婚问题的来访者，特别是年轻一些的"80后"，都是由父母直接出面来代表自己去民政局办理离婚手续的。离婚的当事人会有很长的一段时间处在一个不愿意面对现实的逃避时期。特别是离婚的女性，会产生一个很强烈的念头，觉得一场失败的婚姻，让自己从一个女孩一下子变成了一个离异女人。这些在社会舆论中的敏感词语印刻在了她们的心里，变成了一张张个人标签，使她们形成了比较消极的自我认知。

来访者在这种消极认知之下，感到十分内疚和羞愧。当她在咨询师的成长小组中和学员们一起交流分享的时候，她是绝口不提自己的离婚经历的。直到有一次她在团体中被触动后尝试自我打开，和大家分享了自己从结婚到离婚所经历的痛苦纠结。之前交流婚姻感悟的时候，她都是在说自己的丈夫如何，直到这次的勇敢打开，她才开始去使用前夫这个称谓。

她也坦言，之所以一直隐瞒自己离婚的事实，是因为很担忧团体中的学员看不起她，更怕大家觉得离婚是由于她自己哪里不好。但是在尝试打开之后，她得到的更多的是理解和接纳。她也发现，一个人心境上是否真正快乐舒适，和结婚与否、离异与否，都没有太大的联系。当她逐渐剥离掉自己假想中被外界附加的标签之后，她才开始凝视真正的自己。

治愈过去的依恋创伤

从个人成长的角度来看，婚姻关系的解除其实也意味着真正成为一个独立的单身女性，更有能力也更有权利来定义自己想要的幸福。在自由定义的时候，生命丰富的可能性也在慢慢展开和呈现。如果幸福的定义是找到理想的恋爱关系，那么此时此刻，作为一个单身女性，你便拥有了更多选择的可能性。如果幸福的定义是其他，你也拥有了体验更多生命状态的可能性。一个阶段的过去，也意味着下一个阶段的到来。如果在此时，你能够去主动进行自我觉察和自我审视，那么告别过去，你就会开始孕育新的生命开端。

如果把离婚看作是人生经历的创伤事件的话，我们可以看到，人们是可以在创伤中发展出具有启发性的自我成长的。而另外一方面，离婚还是会产生一些比较负面的内在影响，比如会让人们对于未来可能出现的亲密关系抱有比较低的信任感和比较高的警惕性。当人们想要去规避过去的种种错误时，人们往往也会发现，上一段亲密关系中存在的问题，在下一段婚姻关系中还是会存在，而且经常会变本加厉地循环往复着。

我们未完成的功课

当我们没有意识到成长需要的改变来自自己的时候，其实我们还会抱着和过去同样的态度和信念去寻找下一段关系。人们不断地奔赴下一段关系，期待下一个人能填补内心的空缺，然后失意地发现这个缺口越填越空。因为有些空缺只能我们自己填补，这是上一段关系留给我们未完成的功课。在这份功课里，我们需要意识到，在离婚这件事上自己需要承担的责任，需要提升和改变的内容，特别是需要好好看见真正的自己。

正如这位来访者，从小到大一直生活在被过度保护的环境中，积攒了太多为人处世和待人接物方面未完成的功课。一场突如其来的离婚，才让她边痛哭边回过头去捡起那些需要去完成的人生功课。她开始去重新梳理家庭关系，学会为父母考虑周全，学会承接来自父母的情绪和需求。她开始去重新审视亲密关系，学会经营和维护一段平等而长久的关系。她也开始去重新思考职业规划，开始想要走出温暖的庇护，有了想要通过自己的力量和这个世界交手的心。

我们会发现，每个人都有属于自己的人生功课要去完成，这些功课出现的时间点也千差万别。有些人恣意妄为了许多年，才学会真诚体贴地去对待身边的他人。有些人循规蹈矩了几十载，才开始尝试遵循自己内心的意愿去展开生命。它们出现的时机我们往往预判不了，却也知道无论早晚，我们总是难以躲掉。

既然如此，我们也可以尝试用一种面对功课的心态来面对人生中出现的种种变故。当我们聚焦于变化的内容能带给我们什么成长时，变化本身也就没那么重要了。于是，我们的内心建筑就这样经历一次次的剥离、瓦解，甚至是坍塌，然后一层层地构建出更为坚固的层面，让我们在新的高度上看到想要的风光。

假想阻碍：再婚是敢于再次依赖

——「人生的奇幻玄妙就在于，每一次的绝望坠落，都把自己的人生带到了一个更清晰、更开阔的境地之中。」

咨询案例

在上一章里，来访者在不到一年的时间里经历了结婚到离婚的全过程。在她离婚后，她的整个情绪都沉浸在很深的抑郁和焦虑状态里，不能正常上班工作，睡眠也出现了严重的问题。这种状态也让她的爸爸很是惊慌害怕，于是带她到了当地的精神病医院去检查，当时医生诊断她为中度抑郁水平。后来她在咨询师的陪伴下，逐渐意识到了原来自己要去慢慢关注自我，寻求自我。也是通过一对一咨询和团体成长，她开始了自我觉察和自我改变的成长之路。

她在认同和认可自己的咨询师之后，先是把她的爸爸妈妈推荐过来做咨询，随后又把自己的哥哥也推荐过来，因为她觉得他们都面临着很大的压力和焦虑，希望通过心理咨询让他们也得到陪伴和支持。虽然后来考虑到咨询师和来访者之间多重关系的影响，咨询师并没有为她的亲友家人做咨询，但是通过这件事可以看到，她特别渴望和一个信任的人去建立一段稳固的关系。

在她觉察自己亲密关系的时候，她用了将近一年的时间，一方面是来处理她和前夫之前的情感纠葛，另一方面，她也在咨询期间，尝试着谈了几段短暂的恋爱。后来当她发现对方身上可能有些与自己不合适、不匹配的地方，她就与对方慢慢地分开了。直到她认识了一个做教育培训的男朋友，非常优秀而且上进，两个人在相处交流的过程中发现彼此非常契合。于是两个人就开始尝试交往，来访者也坦承了自己的婚史，并得到了对方的理解和接纳。两个人就一起不断成长，后来走进了婚姻。

我们的假想阻碍

他们两个人刚刚在一起的时候，她还让当时的这个男朋友来参加我带领的团体小组课，并且之前还完全没有告诉我。直到后来团体课上到了第三次，我感受到他们两个人在组员互动的时候彼此眼神不对劲。下课后我就问她，这个男生是不是喜欢她，因为在小组内是不可以产生组员之间的恋爱关系的。她就坦白告诉我，这是她的男朋友，之所以把他带到团体里也是想让咨询师了解一下他，帮自己把把关。

可以看到，其实离婚这件事对她的影响还是很深远的。特别是面对未知的亲密关系，她会有很强烈的不确定性和不信任感，阻碍

她投入对关系的感受和体验上。这份不确定更多来自她自己，不知道自己的离婚身份能不能被接受，也不知道自己能否有勇气和能力去重新建立一段亲密关系。这份不信任更多的是对另一方，担忧他是否会像上一个人那样给自己带来伤害。

随着两个人的感情越来越深，相处得越来越好，她之前的很多犹疑和害怕都渐渐消失了。其实我们很多的内心阻碍都来源于自己，假想敌也好，假想的重重困难也好，甚至是假想的世俗眼光与他人评说。这些假想把我们框在了脚下的尺寸空间和规定路线里，让我们忘了去推开面前虚掩着的门。有时候试一试才会知道，很多通往未来的大门并没有我们以为的那么沉重。

亲密关系的多重角色

当她想要去经营亲密关系的时候，她也开始和咨询师探讨，如何去和自己的男朋友相处。她的男朋友从小父母离异，和爸爸一起长大，妈妈则很少出现在他的生活里。面对从小缺失母爱的男朋友，她开始尝试主动去滋养对方。她不仅想要做一个好的女朋友和妻子，还想要生长出姐姐甚至是母亲的力量来支持自己的另一半，让他获得一直缺失的温暖和柔软。

我们经常会在一段亲密关系当中看到父亲和女儿的影子，看到母亲和儿子的影子，还有老师和学生的影子，等等。在不同的时刻和不同的场景里，很多关系角色的成分都会流露出来，让我们获得比爱情本身更为丰富的体验。当我们在感情里触摸到爱情、亲情、友情的温热时，我们也在多重的关系里得到多重的陪伴和疗愈。

从喂养到独立

在感情愈加稳定的同时,她也在对内寻求自己迟到多年的成长。首先，她想要去获得经济上的独立，于是开始思考和处理自己和金钱之间的关系。她之前是完全没有金钱意识的，因为从小家境优渥，她从未体验过金钱的匮乏和生活的拮据。她之前的薪水一个月只有五六千块钱左右，但是父母和亲友经常会给她往银行卡里打钱，而且她还拿着父亲信用卡的副卡。因此她即使年过三十，还是活在一个孩子的状态中，被爱和金钱长期喂养着，不愿意长大。

当她想要在工作上提升自己的时候，她开始规划自己的职业发展，为工作投入更多的热情。当她后来因为业绩出色得到提升时，她在这份工作里找到了从未体验过的自我存在感。 过去的她虽然生活看似无忧无虑，但是她会觉得自己很失败，不仅薪水微薄难以经济独立，而且在工作内容上也没有值得自己骄傲自豪的地方。她每天如同和尚撞钟一般，完成任务就到点下班。

后来的她不仅学会发展工作能力，构建出事业带来的核心自我支持，她还会去帮助男朋友发展他的事业。她陪着男朋友一起创业去做教育培训学校，也慢慢学会了整合资源，利用自己工作、家庭和朋友的优势资源来帮助学校的发展。在这个过程中，她不仅从一个被喂养的状态走进了自我独立的状态，还渐渐进入了一个为他人带来能量光热的状态里，体验着付出与获得的双重满足。

走出依恋温床

在经历了人生的重塑再造之后，再去回看她刚来到咨询室时的内外状态，会有非常强烈的反差。曾经的她如同一个十几岁的小女孩一般单纯，她的笑容和眼泪让人感觉特别简单。她对人很直接，喜欢和厌弃，还有内心的小心思都清清楚楚地写在脸上。同时她内在又有小女孩身上的那种自卑和害羞，面对想获得的东西不敢去争取。在离婚协商期间，她把本应该属于她的所有利益全都放弃了。直到后来她才觉得，原来应该为自己主动去争取些什么。后来慢慢变得强大自信的她，也开始敢于向生活去争取自己想要的东西。

我们会看到，一个人的成长具有很多层面，这些层面的重构和修正会迎来一个人的整合性成长。在咨询的进程中，咨询师把她依恋关系的问题慢慢转移到核心的自我成长上面，通过自我成长的构建来建立她对于亲密关系的理解和认知，然后建立她对于工作职业的信念和能力。而所有这些成长性的自我变革，都依托于她不断形成的核心自我力量。

后来她在回顾自己这几年的成长经历时，对于自己的觉察和思考特别深刻动人。她觉得过去的三十年里，她一直活在爸爸妈妈和整个大家庭带给她的无条件的保护和滋养里。在这个依恋的温床里，她内心始终停留在小女孩的状态中。被安排好的学校，被安排好的工作，被安排好的婚姻，这一件件构成了她被安排好的人生。当生活出现重大事件的时候，她就会采取小女孩那种任性和情绪化的方式来逃避问题，也逃避自己内心的恐惧和脆弱。

在独立中敢于依赖

当生活不断给她投喂和安排的时候，她也就理所当然地把依赖完全建立在周围人的身上。随后她在整合成长的过程中，逐渐实现了经济独立、情感独立，还有自我内在的精神独立。可她并没有在独立中止步，而是在独立中寻求新的依赖。当她开始了一段新的感情，一切仿佛回到了原地，可它们却是在一个更健康、更流动的层面上真实地发生着。

当她再次步入婚姻，她开始用自己生长出的爱的能力去创造和经营自己的小家。在结婚两年之后，她就幸福地迎来了家庭里的小生命。新生命的降临，让她体验到从未有过的被完全依赖的感觉，这种被依赖的感觉也让她产生了依赖，从而让她在这段血脉流转的关系里，感受到依赖与被依赖的亲密美好。现在孩子已经快要上幼儿园了，他们两个人也在不断的成长和支持中，找到了一种各自独立却又相互依赖的平衡状态。

有时候生命好像是在种树一样，我们会在不同阶段去培育树木，然后得到不同的生长态势。当我们的土壤贫瘠时，树木就会枯萎。于是有些人放弃了，然后面对一团衰败。但是还有些人会去滋养这份土壤，然后在丰润的土壤中重新栽种，从而收获一片葳蕤。人生需要重新栽种的勇气和信念，它让我们敢于凝视过往的依赖创伤，然后在独立中敢于再次张开怀抱。

　　人们常说，独立是成熟，独立是勇敢，可更为成熟勇敢的是实现独立之后敢于去依赖他人。敢于依赖，意味着敢于面对关系中的伤害与不确定，这是内心稳固的体现。而经历过伤害的人，敢于再次直面伤害的可能性，这不仅仅是内心强大坚韧的体现，更是对于生命的挚爱与热忱。我们说，创伤蕴藏能量，便是如此。

来自生命的触动

　　后来的她还经历了几次更大的触动，让她感慨时间易逝，生命无常。以前的她对周围人的认知还停留在童年的记忆里，总觉得爸爸妈妈还年轻，还像自己小时候那样年轻健康。直到有一次她的妈妈得了一场大病，她才突然意识到，原来生活不是一成不变的，这个世界上有些人是会走掉的，有些东西是会消失的。还有一次她和爸爸吃饭的时候，突然发现爸爸头发花白，面容苍老，身形屈曲。原来自己心中无比强大坚固的大山，也会面临衰颓。

　　很多生命中出现的人，你都要眼看着他们经历人生的四季变迁，眼看着他们从繁茂走到凋零。从前妈妈抱着她玩耍、爸爸背着她奔跑的时光，永远都回不来了。在我们的世界里，没有人是永恒存在的，我们或是经历遇见和分别，或是在一段或长或短的结伴同行中感受时光的流逝。在我们的世界里，也没有哪个瞬间是可以完全复制、重新上映的。就像人不能再次踏入同样的河流，不能在同一个景致里再次看到同样的光影。今时今日，此情此景，此人此情，唯有一次。

　　于是我们说要珍惜。对于外在的人物、事件、场景，我们要去把握和享受。对于内在的自我心境状态，我们要勇于品尝生活的甜美和苦涩，并在苦涩中寻找更为持久的甘醇。就像这位来访者一样，她原本是被一场情感危机推进了心理咨询室，却通过自己生命的勇敢和柔韧迎来了一场迟来的自我成长。当她走进崭新的人生层面时，她对于父母亲人、爱人家庭、工作事业，以及自我的感受与认知，都会有更深刻也更持久的把握和享受。这是我们对于珍惜的一种诠释。

　　我们体味甘苦，然后品尝出完全不同的层次滋味。每次走进一场人生低谷或是艰险困局，体验崩溃、绝望和孤独，我们都会觉得自己的路走不下去了，前面就是万丈深渊，周围就是无边泥潭。可人生的奇幻玄妙就在于，每次坠落之后，我们都还一如往常地生存着、生活着。而且我们会发现，每一次的绝望坠落，都把自己的人生带到了一个更清晰、更开阔的境地之中。停驻在眼前的深渊，我们感受到的是对于未知的惧怕与不安；张开手臂迎接未知，我们便能把人生带往一个崭新的天地。

情感代际疗愈：既想让他当丈夫，也想让他客串父亲

> ——「失伴和孤独的深层恐惧是以自我生命为载体的，这份生命质量的陪伴离不开自悟和自渡。」

咨询案例

这个案例我重点想谈的是婚姻里的另一个现实，当人们经历了一段婚姻，再进入下一段婚姻的时候，每个人想要追求的东西越来越不一样，于是爱的成分越来越少，而现实的内容会越来越多。来访者在离婚之后，经由相亲认识了现在的男朋友。这位男朋友是做生意的，公司规模很大，达到了年产值数十亿的水平，但是他在年龄上比她大了二十多岁。他们在一起的这两年一直处于同居状态，和他们一起生活的，还有男朋友的父母，以及男朋友两任前妻的三个孩子。所以她一直打理着这个复杂的大家庭，而男朋友则常态性地在全世界各地出差。

在她的上一段婚姻中，她和前夫相识相恋于大学校园，两个人研究生毕业后就顺理成章地结婚了。婚后，因为前夫还要经营老家的公司，于是她就选择了自己一人留在北京，找了一份高薪稳定的银行工作，在这几年间两点一线地生活着。其实她原本是学艺术表演的，因为不喜欢圈子里的应酬，毕业之后，她不仅没有从事影视工作，也很少和周围的同学朋友们来往。

她和前夫的核心问题在于，在这五年的婚姻里，他们一年难得见上几次面。自然，他们的性生活就非常少，感情上也只是通电话发微信来交代各自近况，彼此对于对方都没有好奇心和亲密感。当双方父母催促他们要孩子的时候，他们俩就会忍不住去想，这段婚姻的存在到底有什么意义。于是两个人很快就和平离婚了。来访者到离婚的最后一刻都不清楚男方这几年来的感情状况，是在后来咨询的过程中慢慢发现，其实男方在老家是有情人的，只是她从不查问，坚持相信对方没有出轨。

这场婚姻让人觉得很奇怪的地方在于，两个人的结婚离婚就像恋爱分手一样简单平淡，来访者从来不花前夫的钱，也很少关注和关心对方的感情和生活。直到后来她和现在的男朋友在一起时，她才察觉到自己感情状态的问题，从而寻求心理咨询的帮助。

创伤的代际链条

作为孩子人格成长的重要影响者，父母很容易把各自的创伤输送给下一代，让这些痛苦聚集在孩子身上形成新的创伤。回顾来访

者的成长经历，就涉及她母亲在她童年时期的婚外恋情。她的妈妈外貌才艺都很出众，在当地的文化剧团担任演员。心气颇高的妈妈在年轻时很想嫁给县委书记的儿子，然而她在恋爱期间经历了一场意外怀孕，因此后来两人产生纷争就没有走到结婚。随后，母亲就遇到了她的父亲，一个性格内向踏实、学历文化很高的男性。可结婚之后，她的妈妈一直从心里看不上父亲的平凡普通，然后在来访者的成长期间，不断游走于家庭之外，和不同的男性保有暧昧密切的关系。

让来访者印象很深刻的是，爸爸有时候会和她把这些事情摆在明面上讨论，甚至会让她代替自己出面去接妈妈回家。于是，来访者在很小的时候就经常看到妈妈坐在一群男性中间喝酒谈笑，还曾经撞到过妈妈和一个局长叔叔的亲密约会。从很小的时候开始，她感受到的感情就与家庭纠葛和痛苦悲伤交织在一起，于是感情就成了沉重和混乱的代名词。负担承载不了就会走向隔离，后来的她对感情和亲密关系都有着很深的封闭。

爱情这个美好的字眼难以触发她的感受，更难以引发她的激情和向往。在大学期间，她在周围同学眼中非常高冷独立，并且难以接近。直到她的前夫热烈追求，她才进入她的第一段情感关系。她在成人情感中寻求治愈童年情感创伤的机会，而创伤也让她在成人世界里一次次地碰壁和跌倒。由于内在深层次的不认可，感情归宿于她而言，是一个没有信任感和安全感的所在。在后来离婚之后，她发现自己其实很喜欢沉浸在一个人孤独的状态里。

缺憾与需求

咨询到了中后期，她才真正发现，自己对爸爸的依恋是很深的。她的爸爸中年事业不顺，生活状态低落，有着很明显的抑郁倾向，一直没有给过她作为父亲应有的支持和引导。而前夫吸引到她的地方，刚好在于他的少年老成、性格成熟、处事干练。离婚后，她也尝试和很多男性约会，她发现那些让她产生感觉的男性普遍比自己年龄要大很多。她渴望能从对方身上获得缺失已久的温暖和力量，希望对方既能扮演丈夫的角色，又能时常客串父亲的角色。后来，她在三十岁的年纪和一个五十多岁的男性在一起了，可没过多久她就发现，对方只是和妻子长期分居，并没有真正地离婚。

对来访者来说，过往的缺失源源不断地制造并放大着当下的需求。她在感情上最想要的是陪伴，而这个男朋友最给不到她的，也恰好是陪伴。中年事业有成的他常年游走于亚洲各个国家做生意，此外，他还要分出精力照顾前两段婚姻里两个前妻留给他的孩子们。他们俩在一起之后，男朋友在出席商务应酬场合时都会带上她，可这种形式上的陪伴却代替不了她想要的那种纯粹投入的身心陪伴。此外，当她想要感受那份未曾体验过的热烈浪漫时，忙于事业社交的男朋友也无法给她这样的情感浓度。

她还想要宠爱，希望男朋友可以弥补来自父亲的缺憾。在她的记忆里，有关父亲的画面都是他一个人沉默不语地喝茶下棋，很少

有眼神望向她的时刻。从考大学、找工作，再到恋爱结婚，她都是自己一个人做决定，做完再通知父母。如今，她和父亲的关系很是疏远，一年也难得电话联系一次，一家人天南海北地各自过各自的生活。因为没有感受过父亲的引领和宠爱，这些体验上的空白让爱的能力难以在她的身上扎根生长。所以当她面对男朋友的时候，她并不知道如何理所应当地去索要，如何自然而然地去争取。我们所说的七情六欲是流动的，在她的世界里却始终是凝滞的。

为什么生活在一起

来访者看到过形色各异的情感关系。她看到过大学同学为了在演艺圈生存，与商人老板暧昧周旋的情人关系。她看到过父母重新复合之后各自活在自己的世界里，却能够彼此照顾的相伴关系。她也体验过怀抱需求却无处投递的依赖关系。为了想获得的东西走进一段关系里，却发现这些想要的或许能短暂体验到，却难以持续获得。随着浪漫的退潮，情感关系总会浮现出人际关系所应有的平淡与繁杂。

和男朋友在一起之后，她要学着去面对生活最基本的组成部分。首先是现实问题，面对这个庞大复杂的家庭体系，如何在平衡二人关系的同时，还能处理好和他前妻的孩子们之间的关系。还有，在事业无比成功的男朋友面前，自己是否要去拥有一份事业让自己变得独立。其次是实际经营问题，特别是生活内容的构建，需要对理想有信心，对现实有耐心。这些都是她站在当下和面向未来时，要去慢慢形成的自我能力。

从恋爱到婚姻再到生活，每个阶段都难免会形成落差，把人们带到未曾想过的境地。当生活的不易性和不确定性日渐凸显，好像期待的关系在慢慢变质，可这也是关系回归到本质的过程。我们很难把自己的人生过成一段段缠绵悱恻的艺术电影，或是起伏夸张的八点档电视剧。浪漫主义展现了高光时刻的极度眩晕和刺激，现实主义也告诉我们，不能让过度的跌宕消耗掉我们对平凡微小的幸福的敏感度。

两性的心境矛盾

我们回看来访者的这个男朋友之前的情感经历，也会发现许多很有趣的现象。他一直很想找一位传统意义上的妻子，但他找了几个女朋友之后，发现她们真正想要的都是他的钱。而且她们图钱的方式并非直接索取，而是想借助他这个男朋友的资源地位来建立自己的事业。所以他后来也很郁闷，几段感情都没有结果，倒是成就了两个女朋友开公司，并且她们的公司还持续欠着他数千万的贷款。他会觉得自己在女朋友们眼中的角色，并不是一个男朋友，更像是一个事业投资人。

如今，社会上会有一些极端女性主义的声音，极力鼓励女性去压倒男性，可我始终觉得这个观点是一道伪命题。正如这位男士的前女友们，她们做公司创业，追求的是对自己人生财富的极大成就和满足。在借助他的资源和人脉的时候，在无止境地拖欠他钱款的

时候，她们对他的态度是很矛盾的，既有需求性的靠近与仰望，也有利用性的压抑与轻视。她们对自己的态度也是很矛盾的，常常会在自我认可与自我否定之间游移。这种对他人和自我的矛盾性，也是很多女性在两性关系里的心境缩影。

这种矛盾性也会令人感到有些悲哀。当这些女性赢过了绝大部分男性，得到了绝大部分男性都想要的东西时，她们还是要回归到当下相互依赖的男女关系之中，或是走向更高级别的男性寻求新的依附。我们不否认有不少女性可以居于万人之巅，构建自己的王国，但绝大部分女性还是会被强大的自然法则拉回到两性关系之中，回到普世意义的社会秩序里。

从婚姻制度的角度来说，男女分工越是差异化，其实婚姻是越稳定的。当女性开始寻求很多过去只属于男性的东西，彼此之间就会需求有所下降而竞争有所提升，然后两性关系就会变得越来越不稳定，甚至呈现出剑拔弩张的态势。可我也觉得这是当今社会最大的公平，因为它带给了我们，特别是女性更多选择的可能性。只是在开拓人生路的时候，女性需要认清自己与男性之间的关系，自己适合与男性形成何种相处模式。如果工作上与男性不断地相互利用和竞争，生活上对男性不断地靠近或逃离，然后让自己陷入混乱矛盾之中，我会觉得这是一件得不偿失的事情。

生命质量的陪伴

很多人在寻找另一半的时候，是带着需求出发的。可还是有那么多人不断碰壁，最终铩羽而归。从心理咨询的角度来看，其实大部分人并不像自己所以为的那样了解自己真正的需求。来访者觉得自己想要的是陪伴，于是她在恋爱期间在男朋友身上不停地寻找着。可是，当男朋友给予陪伴的时候，她却体会不到理想中的那份填补和满足。她没有意识到，自己想要的陪伴实际上是一种生命质量的陪伴，而现实中没有一个人能够做到。

当她感受到孤独的时候，这份孤独，除了成人世界里的寂寞和孤立之外，还有她童年时期的悲伤和孤单。不同时期的感受、需求融合在一起，这道量身定做的难题她自己都难以拆解。当这道难题落在男朋友眼中，他能够给出的答案只是女朋友是不是又不开心了，然后带她去看电影吃晚餐。在餐桌上，她看着对面的男朋友，他不仅捕获不到自己的情绪，还时不时地给客户打电话谈工作，于是她更是体验到了关系中的冷清。

想爱而无感，求爱而不得，于是她慢慢沉入很明显的抑郁情绪里。对于男朋友的现实陪伴，她常常觉得这不是她真正想要的，可那份空空荡荡的怅然却又说不清道不明。她也总会控制不住地去想，比自己大很多的男朋友将来万一不在了，自己该如何面对生命中的失伴和孤独所带来的深层恐惧。可这种恐惧是以自我生命为载体的，难以交由他人去承载和寄存。每个人都需要背负着它，独自攀登和泅渡，才能完成这份自我生命的使命，才能让生命流溢出自己爱自己的光彩。

　　人与人之间的悲喜并不相通，人与人之间的想法也难有太多共鸣。在来访者过去的时光里，他人在她心上来来回回走了几遭，脚步轻轻，甚至没有留下什么痕迹。这种关系上的冷清，是她无比熟悉的，也是她一直想要逃离的，可她也一次次地逃离失败。于是，后来的她就放下了这段令她疲累的情感关系，开始尝试一个人去独自生活。悲喜自悟，人生自渡。虽然并不知道离开咨询室后她的人生会经历什么，但相信她会体验到，做自己人生的定义者和赋予者，是一种怎样的笃定安稳。

自我边界感：男性带来的保护与伤害

——「成为自己人生的建筑师，为人生大厦建立起一个又一个的支点，生命才能拥有耸入云霄的底气。」

咨询案例

这位来访者和前夫离婚之后，就独自一人带着女儿生活。女儿在上初中的时候被诊断为抑郁症，于是她定期带着女儿到北京某医院的精神科进行治疗，同时也给孩子做着心理咨询。随着她对咨询的接触，她自己也想找一位咨询师来梳理自己过往的人生，也让那些一直以来无从倾诉的情绪和烦扰有一个出口。

在此期间，她换过多位不同流派、不同风格的咨询师。她后来也告诉我，她内在骨子里面是很清高的，很难会有一个咨询师能够让她看得上眼。于是她就在随后两年的过程中不断寻找，直到她想选择一位男性咨询师，而且要选择咨询价格最高的，后来咨询助理就把她转介到了我这里。

在她讲述自己情感故事的过程中，除了情感关系的繁乱，我也感受到她的内在出现了很大的混乱。自我的主体混乱，让她陷入很深的压抑和悲伤里，也让她对自己感到迷失不安。她的讲述会让人很明显地发现，她内心存在着三个子人格。一个是停留在童年时期的小女孩，这是她一直在努力保护的内在部分。第二个子人格，是她幻想出来的年轻男孩子，敢于披荆斩棘，对抗巨龙，这是她展现生命力和行动力的部分。还有一个子人格是白发苍苍的老者，常常让她觉得自己看尽世间沧桑。

这些子人格交织形成的主人格，让她在现实生活中具有非常强烈的男性色彩。利落的短发、刚毅的眼神，构成了这位女性很独特的个人魅力。 在她的情感经历中，我们能够看到她在种种纠葛中对于男性和自我的矛盾心理。

两极化的情路选择

她在结婚之前的恋爱经历是很丰富曲折的。她在大学期间谈过一场刻骨铭心的恋爱，用她的话来说就是风花雪月的终极浪漫。她当时的男朋友是她的辅导员，比她大十几岁，因为学校不允许师生恋，当恋情被曝光之后，他们俩就面临着被开除的境地。于是，她的男朋友就直接辞职离开了学校，而她一个人则被学校记过处分，好在最终安安稳稳地毕业了。

这场风波让她觉得，风花雪月无异于镜花水月，爱情也许是自己人生里极为虚幻的奢侈品。这次创伤性情感经历给她带来的丧失感和不安感，让她在后来很长的一段时间里一直卡在这个状态。这种丧失感和不安感，也直接或间接地影响着她后来的情路选择。

后来离开学校之后，曾有三个男性对她发起过热烈的追求。一个是当地副市长的儿子，经常热情邀请她参加各种活动，变着花样地追求她。可她觉得自己不能嫁入豪门，担心自己会成为失去自由的金丝雀。所以在和对方相处了几次之后，她就比较委婉地拒绝了。还有一个男性是当地一个很有钱的商人，在她身上花了很多金钱和心思，可她从心里很看不起这种一夜暴富的商人，在被追求的过程中，也表现得视金钱如粪土。

所谓平凡安稳

经历过爱情的极大触动以及对权力和金钱的不为所动，她对于婚姻的期许，就从浓转向了淡。相比于风花雪月，平凡安稳看起来是个远离创伤的选择，不会让她再次卷入伤害里。她后来选择了一个十分平凡普通的男性，一个讷于言的工程师。他性格内向，心境平和。于来访者而言，和他的生活平淡却也安稳。她对这个丈夫谈不上爱和喜欢，也谈不上讨厌，只是为了能够有一个安定长久的家庭生活而选了一个自认为合适的人。

她放弃了豪门和富商，远离了爱情这份奢侈品，想要换得生活的熨帖。最开始，她和丈夫的婚姻生活如她所愿般静好安稳。直到她怀孕生产之后，她发现眼前的这个丈夫并不能给她提供支持，相比之下，自己最初所求的那份安稳，在现实面前也变得越来越不重要。

而且男方因为工作被长期外派到了南方的一个城市，新生命刚刚降临，他们就要两地分居。

随后，如同很多异地婚姻故事的走向，她发现男方和别的女性生活在了一起。于是她很坚决地选择带着女儿离婚，即使净身出户也绝不回头。她才发现，原来婚姻里的平凡安稳如同休眠期的火山一样，平静的外表下面也有着能量的涌动。这将近十年的婚姻，并没有给她留下什么值得留恋的有形或是无形的东西。

预设下的男性关系

这段婚姻记忆对她而言充满了伤痛。每当她在咨询室里谈起男性，就会说你们男人如何如何，为何婚姻里受伤的总是女人。对她来说，男性是一个兼具保护性和伤害性的复杂意象。虽然她对男性充满了愤怒和敌意，可她却让很多男性化特质进入自己的体内。她在讲述自己的成长故事时，会把自己各个阶段的照片摆成一排给咨询师看。让人印象很深刻的是，二十多岁的她长发飘飘，目光温柔，而三十岁以后的她则剪了利落的短发，特别是眼神中所传达出的坚定刚毅，是她在咨询室里最常见的样子。

她被最原始的保护性吸引，然后让男性化成为自己的一部分，来进行自我保护。可与此同时，她也把伤害性带到了自我里面，内在表现就是对自我的不认同、不接纳，外在表现就是明显的自我不一致。这种自我体系的认知性矛盾，也让她后来与很多男性陷入更深的现实性矛盾里面。

　　最主要的现实性矛盾就是来访者和男性领导之间的相处。公司里的大领导是非常认可和赏识她的，他们相识的起因是一次公司内部的演讲比赛，因为她表现得口才出众，思维机敏，于是这个大领导就点名让她去自己的办公室做行政秘书。这个领导不仅对她很是照顾，还和下级领导打好招呼要重点培养她。可是每当领导想要带着她去交际应酬，她都会表现出她清高孤傲的一面，断然拒绝。

　　纵使大领导有心去栽培，她的拒绝配合也让对方很难再继续照顾下去。与此同时，另一位领导经常暗示她，想要把她调到自己身边的一个更高的位置上。再度面对领导的示好，这次她的反应更为明显，直接就对这位领导表现出了疏离。两度经历男性的靠近，她都带有强烈的主观预设，把潜在伤害性放到最大。于是这位领导被激怒了，直接把她调到了一个冷清的部门里。

内心的冲突

　　来访者的相貌并不算十分出众，但是很会穿衣修饰，在公司里也算是引人注意。而且她对身边男性领导的疏离态度，和很多女性的亲近姿态形成了鲜明的对比。这种难以驯服的性格也吸引了很多权威男性。后来，她也经历过男性领导应酬喝酒之后对她的告白，甚至是值班期间对她的骚扰行为，但她的拒绝态度自始至终都十分稳定且坚决。直到有一次领导恼羞成怒之后，直接收拾她所在的部门，于是她的部门领导就反过来去收拾她，让她以病休的方式长期放假。接二连三的职场打击，是导致她抑郁情绪爆发的主要原因。

女性在职场上和男性领导一起应酬是很难避免的，很多女性会选择把握好一个度，可她一心只想完全杜绝。我们会发现，这位来访者对于男性的复杂心理，是在过往经历的积累中一路顺承下来的。有意靠近的男性如同应激源一般，会触发她强烈的挫折和冲突感受，从而引发其紧张性应激反应。

在她眼里，男性的靠近都是别有所图，都是想要套路她或是利用她。当她在夜晚值班被领导骚扰的时候，她会直接把领导劈头盖脸地骂一顿。然后等待她的就是她所在的整个部门的奖金被扣，考核被差评。一桩桩事件下来，这些负面结果更是进一步地强化了她的认知。自己的无端被看重和无端被整都难以通过个人能力和工作态度来解释，于是她最终只能归结为一句：红颜薄命。

我们会看到，她和男性领导的关系，与过往她和男性的情感关系有着很高的相似性。她内在既想获得男性的关注和认同，又对想要的关注和认同持有警惕和戒备。也是因为她的种种举措，让伤害性与保护性兼有的男性意象变成了彻底的伤害性存在。所以她会多次在咨询室里感叹，觉得这几个男性的出现几乎毁掉了自己的前半生。

边界感的入侵

这个案例中有一个很有意思的现象，就是她在和男性的关系里，自我边界感的度始终都没把握好，与他人的关系就难以张弛自如。她出众的气质和能力，自然会吸引异性的靠近，这也是她寻求关注认同的体现。可是，强烈的应激性也会让她把一些善意友好的靠近者视为自我边界的入侵者。于是，她会通过轻蔑、鄙视，甚至是羞辱，来把对方推出去。这种十分刚硬的回应方式，使得很多原本可以走向良好的关系最终走向了伤害性。

她的边界感还体现在她的超我部分上面。一直以来，她的内在超我都告诉她，只有自身的出色优秀才能引起关注和认同，这是她内心颠扑不破的信念。可是在职场上，她会黯然发现，往往别人对她的看重并不来源于她的能力，即使有能力的成分在，动机也并不单纯。自己的价值信念和周遭环境所奉行的标准相去甚远，长期的不一致性不仅会强化她的边界感，还会把她压抑许久的对抗性激发出来。于是，在酒桌劝酒的时候，很多领导都会通过玩笑、劝说，甚至是恐吓的方式来劝她喝酒，可她并没有选择柔和婉转的方式来解决问题，而是当着所有视察领导的面，直接把酒杯摔在地上。

因此，她会觉得在这个世界上没有人爱她。其实更确切地说，是很少有人能够突破她强烈的边界感，消除她的种种防备和敌意，如同冲过一道道关卡一般地走进她的内心。后来在咨询的过程中，她也逐渐意识到她强烈的主观预设对关系偏离的消极影响。正如最开始对她表示重视的大领导，她也在回顾中发现，对方并没有表露出任何与她发展男女关系的想法，是自己的预设和疑心帮她印证了自身的猜想。

授予自己人生底气

当她想要改变的时候，她会不断地询问咨询师：谁能来拯救我？可以看到，她的内心世界是色彩分明的，她会预设很多的入侵者，也会预设一个拯救者。正如之前很多咨询案例所展示的，自己的人生还要自己来拯救，这会让我们成为自己人生底气的授予方。如果寄希望和责任于另一个人，把自己的喜怒哀乐交给对方，那么，自己就先一步成了自己人生的潜在伤害者。

后来直到咨询做了半年的时间，她才慢慢从伤害中抬起头来，渐渐看清在这一场场伤害中，自己都扮演了哪些角色。于是，她想要走出过往，面对现实和关系。她以一种友善亲近的姿态联系了最开始有意栽培她的大领导，然后重新回到了原来的部门岗位上。认知的矫正和回归，是她走出重复性过往的重要因素。然后她会发现，这一路上的机会和改变都是自己授予的，原来她幻想中的拯救者一直都被自己压抑在心里，无从发挥。

构筑自己的支持系统，是形形色色的来访者的殊途同归之路。实现系统的支持性功能固然重要，但更为重要的是，这个过程的实现者是自己。如果说生命的历程是形成一座大厦，那么只有成为自己人生的建筑师，为自己的人生大厦建立起一个又一个的支点，生命才能拥有耸入云霄的底气。

移情：当来访者爱上了咨询师

——「后来，她和咨询师的关系所卡在的层面，正是现实中她和男性的关系矛盾纠结的地方。」

咨询案例

在上一篇案例中，虽然这位来访者做咨询的时间并不长，但是她对咨询师却呈现出了非常强烈的情感，使得咨访关系成了咨询室里面时常被探讨的内容。随着咨询的深入，她越来越关注眼前的咨询师这个人，并且关注于自己是否被关注着。此外，她开始试图掌控这段咨询关系，关系里的发展变化也时刻牵动着她丰富的情绪。

对于男性咨询师而言，面对这些带着强烈情绪诉求而来的女性来访者，两性关系的把握就成了咨询关系和咨询效果的关键部分。谈及来访者对咨询师的情感，如果说移情和投射这些名词有些抽象的话，我们可以通过这个案例，来看一下这位来访者对咨询师的情感内容及情感走向，以及双方如何通过咨询室里的关系来重新经历

来访者个体的生命历史。

咨询室里的关注

寻求关注与渴望被关注，是来访者在咨询室里很典型的表现，也是咨询师探寻来访者人际模式的契机。从咨询的一开始，来访者就十分关注眼前的咨询师这个人本身，而且这种关注已经从咨询室延展到了现实世界。她十分渴望通过搜集外界信息，来建构出一个活生生的人，而不只是一个坐在对面沙发上给予自己陪伴和疗愈的角色。有一件令人印象深刻的事情是，她找到了我的个人微博，并且把我最近三年的微博从头到尾全部浏览了一遍。随后，她依据她所掌握的社交平台信息，对我从人格模式到婚姻状况，进行了一个完整的个人分析，并通过邮件发给了我。

此外，她还对我的私人生活部分提出了一系列的建议和要求，例如着装风格应该如何改变，饮食习惯如何能够更健康，等等。人们都有寻找人与人之间关系链接的动力，咨询室里的关系链接就成了来访者进行现实化的重要依据。于是，这个强烈的动力让她对咨询师从关注和了解走向试图影响和改变，然后慢慢演变成为一种情感控制。而她自己很难意识到，进入他人边界里并尝试改变对方的行为，其实带有很强烈的控制性。

来访者也非常关注于咨询师有没有在关注她。每次来咨询时，她都会化精致的妆容，搭配不同风格的衣服配饰，然后漂亮地出现在咨询师面前。在她发现咨询师并没有主动谈及她的外表时，她都会直接质问咨询师，为什么没有发现她外表上的变化，然后把这种不被发现上升到不被关注的程度。当她认为自己不被关注，她就会感觉愤怒和受挫，从而表达不满和攻击。其实咨询师不主动谈论来访者的外表，是为了避免引起对方不必要的情绪扰动。

还有一次，在来访者进行表述的过程中，咨询师自然放松地站起来，走到旁边倒了一杯水。整个起身倒水的过程不过 5 秒钟的时间，但是因为咨询师并没有主动告知她，而是边聆听边起身，后来她在下一次的咨询中花了 15 分钟的时间来探讨这件事情。她认为，这个起身的动作意味着咨询师不重视自己，不关注自己谈论的内容。在整个咨询后期，来访者对咨询师的移情都是十分明显的，她会通过各种细节来判断自己是否被咨询师关注着。

咨询室里的掌控

在这 20 次左右的咨询当中，咨询内容从最开始的情感经历和亲密关系谈起，然后慢慢过渡到了她和男性的关系上，直到咨询卡在了她和我这个男性咨询师的关系上面。在这个被卡住的状态里，我可以感受到她对咨询师强烈的情感诉求，她渴望在交流互动中得到回应，渴望在现实链接中拉近距离，这些都是她对于咨询进度和咨询关系的掌控性。

当我收到她写的个人分析邮件之后，我并没有给出回复，而是选择留到咨询室里进行面对面的充分探讨。等到了下一次咨询时，她直接质问我，自己花费很多心思写了这么长的一封邮件，为什么

得不到回应。于是在接下来的每一次咨询中，她都会提起这件事情。对于咨询关系而言，当这些容易引发暧昧情愫的行为被放到咨询室里进行语言交流时，它们才是最为安全和可控的，这也是对于来访者的保护。

有时，她也会探讨咨询关系走向现实化的各种可能性，比如，如果来访者请咨询师吃晚餐会怎么样，如果来访者约咨询师见面会怎么样，等等。此外，她也会对咨询师现实生活中的样子很感兴趣。她经常会在咨询过程中反问咨询师，你怎么和你的妻子相处？你的情感和性生活是什么样的？虽然咨询一直在探讨亲密关系，但是很显然，她想要探究的主体对象，已经从自己变成了咨询师。当咨询师想要绕过自我暴露的部分，她就会通过质疑和攻击来表达不满，例如，我觉得你的感情生活也没经营好，你只会理论不会实践，等等。

来访者走进咨询室的时候，正是她人生的低潮期。当她外围的支持系统几乎全军覆没的时候，她会把精力集中在新支持系统的寻找和构建上面。这个新的目标就是眼前的咨询师，她希望她能把自己的情感和依赖统统交付给咨询师，于是，她会把咨询师的支持性进行高度的理想化和全方位化。

而现实最让她感到纠结的地方在于，为什么她可以在咨询室内见到我，在咨询室之外却不能和我建立关系。每当这个支持系统不能给予她支持的时候，她的愤怒和失望都会表现得十分明显。认识到心理咨询是在特定环境下的特殊关系，是对来访者很大的考验。

从咨询室到现实世界的转化虽然漫长艰难，却是来访者获取力量来形成自我能力的过程。从这个角度来说，心理咨询师的陪伴也并不是完全陪伴，很多路还是需要来访者自己来走。

她的掌控性也体现在咨询进程和咨询费用上面。例如，她会主动提出要求去推进或放缓咨询节奏，也会表达咨询费用过高让她难以承担。其实，以她的经济状况是完全可以轻松负担这份咨询费用的。当她在表达资费意见的时候，她真正想要表达的是对于用金钱来换取爱和陪伴的不确定，这背后更是她对于咨询关系掌控性的不确定。这些咨询关系里的小插曲，往往潜藏着意义深远的线索。

重历过去的男性关系

我们可以看到，投射与被投射，移情与反移情，在这个案例中展现出来的，主要是来访者把她和男性之间的情感呈现在她和咨询师之间。在此之前，她体验过两位女性咨询师，直到她发现，自己有着明晰的需求想要去处理她和男性的关系。当她找到一位男性咨询师来解惑的时候，这就意味着咨询从一开始就会有很多移情投射的成分，于是，咨询师会经历时而被理想化、时而被贬损化的情感关系动力。

在梳理她每一个成长阶段的时候，她都会在讲述完自己的经历之后询问咨询师，你会如何看待那个时期的我？你对那个我的评价是什么？可以看到，她一直以来都十分在意男性的目光，男性对她的评价是她评价体系中的重要组成部分。每当咨询师感受到强烈的

移情和投射，例如，当她愤怒于咨询师径自站起来倒水的时候，当她穿着性感来查看咨询师反应的时候，都是很好的契机，让咨询师去进入来访者父亲、男友、丈夫、老师等种种男性角色里，去重新观看她过去的生命历史。

所以后来她和咨询师的关系所卡在的层面，正是她和现实中男性的关系被卡住的地方。她对于男性的情感是很矛盾的，一方面想要吸引男性，于是通过个人能力和魅力来获取对方的关注；另一方面，当对方被吸引想要靠近她的时候，她又会直接果断地拒绝，并且认为对方对自己别有所图。再往下探究会发现，她对于男性深层次的矛盾心理，来源于童年记忆中她妈妈和男性的混乱关系。

回到咨询室里面，她强烈的掌控欲和寻求关注的欲望，其实并不是为了在咨询室之外与自己的咨询师发生私人情感关系，而是她内在的不安全感让她不自觉地想要抓住稳定的东西，从而抵抗不稳定。这是她与男性内在关系里最接近本质的内容，也是她内心最为敏感脆弱的部分。每次咨询深入这个地方，她都会表现出明显的防御抵抗。

对于这种成长性的咨询，如果有些核心话题会让来访者表现出明显的阻抗和对立，那就说明这些内容在当下并不适合被打开。我会选择先放一放，留待更为合适的时机再做尝试，否则咨询力道过重，对于双方而言都会是一种伤害。在咨询后期的几次尝试过程中，她总是会在咨询室里表达否定和质疑，但是在咨询结束之后，她经常会给咨询师写邮件去理性地回顾和梳理，直至自我消化之后，她能够试着去面对长期逃避和压抑的那一部分自我。

作为咨询师，在这个案例中我所感受到的最大的考验就是，当自身被卷入强烈的移情投射里面时，依然要去当一个稳定的好客体，接住来访者抛过来的情绪和困扰，然后让来访者在经历一次又一次的循环往复之后，在咨询师的陪伴之下，走向矫正性体验，形成矫正性认知。

从咨询室走向现实

咨询终有结束，来访者终要回到现实世界里。于是，来访者和咨询师之间的移情和反移情也需要被安放在合适的地方。在咨询关系分离的时候，我会更多地把这些情感停留在两个层面。

一个是停留在咨询室的层面，因为无论它们被呈现成什么样貌，被探讨得有多么强烈，这些内容自始至终都是保密安全的。咨询室就像来访者内心的树洞一般，是一个丰盛而静谧的存在。

另外一个就是心理层面，咨询在实现陪伴的过程之后，也应当停留在内心被疗愈的地方。咨询师陪伴着这位来访者，以丈夫、父亲、男朋友、儿子、情人以及导师的多重身份，在她的人生之路上故地重游，并且修通了很多阻塞凝滞的地方。她后来也会直接告诉咨询师，自己有着很深的情感缺失，一直以来都像空心人一般，空无所依。所以从这个意义上来看，她对于咨询师情感上的依恋和依赖，也是她构筑的内心所需要的持续性陪伴。

在她对咨询师表现出强烈的情感和掌控的时候，咨询师经常会

去引导、澄清，甚至有时会回避，但是我从未否认过它们的真实存在性。特别是面对这样的来访者，看到他们分崩离析的生活，看到他们无从构筑的支持，咨询师非常能够共情到他们对于全方位支持性客体的渴望。但是我们也需要看到，咨询室与现实世界之间确实存在着一道无从跨越的壁垒。

所以在我看来，让咨询关系回归到现实层面最有效的方式，就是来访者能够意识到咨询师的无力和无助。很多来访者在关系即将分离的时候会告诉咨询师，他们发现，其实心理咨询也没有太多现实的功能作用，很多时候自己无非是想要在领悟性的交谈中，探讨出一个意识层面的结论，寻找到一个内心世界的秩序。

对于心理咨询的理想化，是人们探求内心的开始；对于心理咨询的去理想化，是人们回归现实的开始。于是，咨询产生的能量逐渐注入人们的身体里，形成支持性和动力性的内在构造。他们会经历感官与力量的逐渐唤醒，然后在寒冬交接初春的人生时节里，去感受，去体验，去生活。

第三章

婚姻家庭

内在小孩：家庭里的权力争夺游戏

——「女性独自泅渡内心的波涛与暗流，使得身心枝繁叶茂，这是终其生命的完成与实现。」

咨询案例

女来访者初次进入咨询室的时候，已经辞职并且和丈夫分居了。她出生于农村，一路靠着拼命学习和工作，考上了理想的大学，随后在名校读研究生，后来在银行找到了很体面的高薪工作。在过去的人生里，她通过不断奋斗，彻底地改变了自己的人生轨迹。在感情方面，她工作后不久，就通过相亲认识了现在的丈夫，一个高中没读完就出来闯荡社会的同样为生活不断奋进的男性。

从相亲到婚后的前几年，两个人的目标是一致的，彼此之间的感情也非常深厚。虽然来访者的丈夫不能像来访者那样阅读文学、历史、哲学，两人缺少一些精神层面的交流，但是他也有自己的兴趣爱好，喜欢种花养鱼，并且把家里打理得井然有序，两个人可以说是典型的女主外男主内的分工配合模式。女方觉得，自己丈夫除了学历不高之外，其他方面都没有问题，不仅外貌出众而且还会持家，两个人在一起还有说不完的话，于是他们就这样自然而然地在婚姻中走过了七八个年头。在这个过程之中，他们彼此不断地创造价值，也见证了对方的能量。

前年，就在来访者怀二胎的那段时间，男方恰好也处于事业的上升期，投资生意越做越大，工作也开始变得繁忙，夜晚酒桌应酬更是成为常态。而女方在怀孕期间渴望得到关怀和关注，但是男方很少给予语言上的表达和回应，行动上也因为工作排满而无暇体贴周全。女方觉得自己热烈的情绪表达，只是得到了对方冷冰冰的敷衍，备感伤心。随后在生完女儿之后，她就从银行辞职了，开始成为一个全职家庭主妇，全心照顾两个孩子以及整个家庭。在两个人家庭角色彻底对调之后，她开始体会到身为全职妈妈的负能量和低气压。虽然她把自己的生活安排得很充实，不仅健身写作，还考各种证书，但是她总觉得自己的努力付出得不到丈夫的重视和理解。

因为近年来经济形势不太好，特别是金融市场的风险压力比较大，丈夫在投资方面连续挫败，导致整个家庭氛围比较紧张。此时，两个人之间长期积累的问题和情绪，就通过儿子的教育问题爆发了出来。两个人面对教育理念的分歧，谁也不肯让步妥协，时常爆发激烈的争吵，争吵内容也从教育问题延展到了生活的各个层面。后来女方就从家里搬了出去，自己单独租房生活，同时带着对自己未

来生活的不确定性走进了咨询室。

家庭创伤的代际传承

在对于原生家庭的了解中，咨询师发现来访者的丈夫在成长过程中有很多值得探讨的关键点。他从小就是家人眼中的问题儿童，特别调皮捣蛋爱闯祸。于是他的父母就采用了拳脚相向的打骂方式对他进行惩罚教育。而与此同时，他的哥哥非常优秀听话，父母一直以来都非常引以为傲，从不吝惜表扬之词。另外他还有一个妹妹，全家把所有的宠爱都给了这个最小的妹妹。在这种环境下，来访者的丈夫既得不到肯定，也得不到宠爱，一直都是一个得不到积极关注的家庭角色。他承载了很多来自父母的情绪，并内化成为自己性格的一部分。

这就导致了他内在强烈的不安全感，从而使他渴望在他人身上体现自己的存在感，证明自己的价值。他的这份努力一开始体现在事业上，通过成就一番事业来创造可观的物质财富。虽然对于父母的过往颇有怨念，但是他一直都特别孝顺，不仅每个月给父母充足的生活费，并且不断地给他们买昂贵的衣物首饰和保健品。这些都让他在父母那里获得了自我满足。当他找了一个在学历和工作上都非常出色的妻子时，虽然内心深处会有自卑感，但他还是会通过在父母亲友面前对妻子进行夸赞来强调自己同样出色，从而再次获得自我证明。

当他面对孩子的教育问题的时候，他坚持要求采用严苛的棍棒式的教育方法，这也正是当年父母对待他的教育方式。我们可以在这里看到，家庭模式是如何从上一代传递到下一代的。所以我们也常常发现，人们多少都会带着自己童年的痕迹来养育自己的下一代，使得很多创伤如同家族基因一般被代际传承了下去。这种成长印记和成长缺失，往往在对孩子的教育模式上体现得特别明显。

内心小孩之间的对抗

在两个人面临夫妻问题的时候，其背后更多涉及的是两个家庭之间的成长性问题，更形象地说，就是夫妻之间内心小男孩与内心小女孩之间的时而亲近、时而对抗的波动关系。

女来访者从小就非常优秀并且强势，坚信努力就可以拥有向往的一切，也一直都成功地体现了自己的能力和价值。作为村里唯一的一个大学生，这个优秀的小女孩从小就得到了周围所有人的爱和关注。这也使得她内心的这个独立的小女孩，如同一个小男孩一般，时刻充满斗志，也时刻准备通过奋斗来获得自己想要的东西。在面对自己的丈夫时，这个小女孩是非常骄傲的。而男方内心的小男孩，由于从小到大缺乏周围人的重视和夸赞，则时刻渴望得到另一半的看见和肯定。

当两个人面对冲突的时候，这两个成年人的对抗模式更像是两个小孩子在打架。在这样的竞争关系下，他们都怀抱着一种一较高下的想法来面对对方。在沟通交流生活事宜的时候，两个人往往不是为了相互理解配合来获得协调平衡，而更多的是通过压倒对方来获得胜利。因此，谁都没有看到对方的需求，谁也没有从中满足自

我的需求。两个玩不到一起的小孩子，就这样失落地转过身去，独自舔舐自己的伤口。

家庭控制权的争夺

当他们两个人的家庭角色互换之后，两个人之间的竞争变得更加激烈，甚至演变成为一场争夺。在家庭经济方面，男方得到了自己存在感的展现，而女方则明显感受到了自己价值感的消失。面对这种焦虑和无助，她采取了一种强硬的争夺方式，从家庭的大小决策到孩子的教育理念，都要自己做主，来保护自己全方位的话语权。

具体到儿子的教育理念上，女方主张自由放养，而男方要求严厉管教。女来访者认为，自己的丈夫是想通过教育孩子这件事情来体现他的权威，让自己认可他的正确性和重要性。在整个交锋的过程中，两个人都沉浸在非常糟糕的情绪里，谁都没有办法心平气和地坐下来和对方交流自己的想法。这场家庭话语权争夺的结果就是签署分居协议，然后女方选择了搬出去租房生活。

当双方面临强烈不安全感的时候，往往会出现这样的分歧和争执。特别有趣的是，双方在争吵的过程中，并不是在论证怎样的教育方式对孩子更适合、更有利，而是在论证两个人谁是对的谁是错的。他们一直聚焦在争吵分歧的语言内容上，却没有关注到语言背后强烈的情绪与需求。随后这场漫长的战争就会不断升级，用女来访者的原话来说，就是最后上升到了一种"生死看淡，不服来战"的毅然决然的态势。

长期以来，对于进取和完美的执着追求，使得女来访者什么都想要，而且什么都想做到最好。当高度期待转变成高度失落的时候，这就会引发她之后的内在焦虑不安和外在争夺对抗。 这场对于孩子管教理念的分歧，实际上是双方庞大无形的控制权争夺战的一个具体化展现。

面对婚姻里的不如意，束手就擒抑或独自怨叹，都不能为这段关系赋予更有意义的内容和价值。我们需要更多的明白和懂得，从而让爱在持续的流动中给予彼此滋养的力量。

更新同步婚姻地图

在两个人携手相伴的时光里，每个人在婚姻地图的坐标轴里都有着各自不同的位置和路径，更是有着彼此不同的速度和节奏。在女来访者的婚姻里，丈夫在渐渐成长，而妻子还停留在原地。丈夫从学历文化和经济收入都比较低的位置上一路狂奔，如今成为十分出色的投资人和老板。而妻子则从主导经济大权的位置上走了下来，成为一个不再创造经济价值的全职主妇。

当相对地位发生了变化，意识到变化的人期待在变动的关系里获得新的东西。男方想要的是他一直渴求的存在和肯定，他认为掌控了家庭的经济大权便是掌控了家庭的话语权，此时得到妻子的认可与顺从是理所应当的。而意识不到变化的人还在对所拥有的一切习以为常。即使是在经济地位发生转变之后，女来访者仍然保有关系上的优越感。特别是过去购入的房和车都记在自己名下，她始终

认为自己还是家庭的核心管理者。

此外，她一直以来还保有一份独特的优越感。虽然成了全职家庭主妇，她仍然注重知识修养的培育，时刻保持学习状态以获得精神提升，并且逐渐形成自己独立的思想体系。相比之下，她的丈夫则显得相对封闭和庸俗。丈夫每次在外面吃喝应酬完，回家之后就会躺在沙发上浏览碎片化的新闻信息。这些精神层面的差距，并没有因为丈夫在事业上的奋起直追而得到弥补，反而因为丈夫的不注重而愈演愈烈。

关系在变，环境在变，心境也在变，而不变的是变化本身。在感情或婚姻中，没有永远的优势方与劣势方，也没有一成不变的差距。我们随时需要更新同步我们最新版本的情感关系地图，这并不是为了让自己去掠夺、去占有，而是为了更好地看见对方，看见对方是如何为了得到爱和关注，在这段关系里拼尽全力的。同时也让我们看见自己，看见自己是否执着地停留在原地而不自知。这份看见，会让我们对对方报以更大的理解和宽容。

当代女性的情感餍足

如今人们对于家庭状态的关注，逐渐开始从女性视角出发，以女性的生存现状和精神需求为核心，由此也出现了丧偶式家庭、缺氧式家庭等种种生动的形容。在这里，我更愿意尝试从家庭形式的变化历程去深入探讨。我们可以看到，现在家庭结构呈现得更为多元和独特，而且这种变化的驱动力也从对外的考量逐渐指向对内的需求。这种对于自我的审视与爱护，是女性解放的光芒初现。

随着不断加强的生存独立和精神独立，女性面对拖沓疲惫的婚姻时，就会更有力量去进行关系上的切割和内容上的分离。她们常常会把投注在婚姻里的炽热目光转移到孩子和事业上面，用对孩子的关爱和对事业的热爱逐渐替代对另一半的情爱，然后在更替的爱的关系中获得完成和圆满。这到底是一种成长，还是一种遗憾，相信每个人心中都会有属于自己的解读。

女性很难抵达餍足之境，相比于衣饰餍足和车宅餍足，情感餍足更是难得。她们可以为心的最外层铺就坚硬的外壳，来抵抗生活旋涡的席卷和人生风雨的侵蚀。可是心的最里层却始终渴望爱的滋养，甚至渴望以爱为生、被爱豢养。面对生活的苍白和感情的干涸，她们也需要一些明白，明白他人他事难以把握，明白今生今世自我依存，就会更好地生长出自我的力量。也正是这份力量，让我看到了众多女性来访者背后一点点升起的笃定光芒。

女性的生命质地柔软而醇厚，能够孕育滋养身边的人事境，这是无与伦比的生命驱力。刚柔相济的女性力量，不应被他人、世界，特别是同是身为女性的自己所忽视。等待被爱、被守护、被满足，是一种身为女性的柔弱；主动去爱、去守护、去满足，更是一种身为女性的柔韧。在成长过程中，女性要去独自泅渡内心的波涛与暗流，使得身心枝繁叶茂，这是终其生命的完成与实现。作为咨询师，我有幸见证了一个个人生主题的心愿达成。

仪式感：婚礼是童话的结局，也是生活的开始

> ——「婚姻总会有它的归属，一个彼此滋养的持久归属需要我们为之注入持续的养分。」

咨询案例

来访者在离婚后来到咨询室，讲述起了她由一见钟情所开始的婚姻。两人的相遇说起来有着很大的奇遇性。当时她正在美国读研究生，在暑假回国期间的一次同学聚会上认识了对方。有一次在坐地铁回家时，她穿着平常很少会穿的一袭白色长裙，而她当时的男朋友，也是后来的老公，则是一身西装。两个人刚好都穿得很正式地相遇在地铁上，相视一笑后开始交谈。交谈中惊喜地发现，两个人的本科居然是在同一所学校就读，而且两人都处于单身状态。后来在她回国的这一个多月里，男生花了很多心思去追求她，经常带她出去玩，于是两个人有了一个非常温馨浪漫的开始。

在她回美国之前，两个人就确立了恋爱关系。在关系的升温时期，男朋友还会专门去美国陪伴她。在这期间，两个人做了一件很疯狂的事情，他们去拉斯维加斯，在牧师的见证之下举行了教堂婚礼，并且还在美国注册系统里登记结婚了。这也引发了后来离婚时，所出现的种种烦琐漫长的手续流程。随后她也在寒假期间回国，两个人准备在国内领证结婚。双方父母见面后都觉得还不错，于是两个人就在北京民政局领了结婚证。而以上这一切的发生，还不到一年的时间。

她在美国读完研究生后就回国继续读博士。在她读博期间，两个人就准备筹办婚礼。他们相处得更加密切，也发生了更多的冲突和争执。当他们准备拍婚纱照时，她想要婚礼低调温馨，而男方则希望能够盛大浪漫，想选择一个更昂贵的设计方案。在分歧中她主动做了妥协，但这也让她意识到，她和对方之间在金钱观念和人生观念上有着很深的不和谐。而且每到周末，对方家庭会有定期的聚会，而这种陌生的家庭聚会也让她感到很是拘束烦闷，不愿意敬酒说话，以至于有一次在饭桌上和对方父母发生了一次语言上的顶撞。

在一次次的争执矛盾之中，曾经光芒笼罩的爱情在平淡繁杂的婚姻中被消磨殆尽。两个人在面对关系里的问题时，也并没有给予对方理解和支持，而是选择了对抗斗争。我们可以想象，曾经最亲密的两个人，是如何一步步地走到挥舞利剑，去刺伤对方，去斩断关系的境地。当情绪漫过了理智，两个人就像被一股无形的力量推

动着，彼此在不知不觉间渐行渐远。

结婚不只是仪式化符号

整个情感经历里，最核心的问题在于，他们双方对于结婚的理解显得过于简单，过于注重仪式化的精致外壳。他们在美国举办了非常浪漫神圣的教堂婚礼，也在北京举办了花费高昂的隆重宴席。这两场童话般婚礼的背后，是双方对于婚姻仪式感的强调，对于婚姻内容性的忽视。他们的相识和相恋，因为是建立在一见钟情的基础之上，这也使得他们对后来的婚姻生活有了高度的期许和期待。

我们经常会把爱情和婚姻混淆在一起，实际上它们是完全不同的人生阶段。我们也经常会把它们完美一体化，期许能从爱情一路顺利地进入婚姻。而当浪漫面对现实的时候，一个个巨大的冲击就会接连产生，一次次动摇美好的期许。由于双方家境优渥，两个人都没有经历过物质生存层面的考验，也没有体验过婚姻生活层面的平淡。当亲密关系从浪漫甜蜜过渡到柴米油盐的时候，比如今天的家务谁完成，明天的早饭谁来做，两个人就不具备这种落入实处的能力了。

而且后来在咨询期间，来访者还需要完成美国方面的完整离婚流程，要通过法律起诉，并且要找律师来通过法院解除婚姻关系。而她老公当时是不配合她一起去完成在美国的离婚程序的。所以她不得不通过律师和法院来完成更为复杂的程序，从而让两个人在法律层面上完完全全消除婚姻上的所有联结。如同电视剧一般，曾经教堂里璀璨的爱情光芒，最终在法院里跌落得破碎黯淡。

原生家庭的裹挟

咨询师在咨询过程中发现的另一个问题是，他们彼此双方都对原来家庭的融入依恋非常强，几乎没有形成有效的分离。他们都过度依赖于自己的母亲，遇到事情不是和自己的另一半去沟通，而是先找自己的妈妈商量。可以说，在整个婚姻走向里，背后的这两尊"太后"其实发挥了很大的作用，而且会在很多具体的事情上直接插手他们的生活。这其中很有意思的一件事情是，在来访者前夫来做咨询的时候，他的母亲会强烈要求来见见自己儿子的咨询师。后来双方都变得非常情绪化，把父母都叫到一起坐下来谈判调和。由于各自父母都更偏袒自己的孩子，彼此站在了对立面上，而不是站在对方的角度上，这些也加速了这段婚姻的消亡。其实矛盾冲突在婚姻里是正常的存在，但是他们都对婚姻的完美性和纯净性要求很高，不允许这些不完美和不纯净的事情在婚姻里正常发生。

没有与原生家庭的分离，就很难有新家庭的组建。由于两个人背后各自都有很强大的支持，他们在自身的依赖和依恋上，并没有做到心理学所说的形成新的自我独立。于是这两个优秀的成年人更像是提线木偶一样，在很短的时间里就完成了婚姻在法律契约上的建立与拆解。最后他们离婚的场景更是让人印象深刻，是双方父母代表两个孩子去共同完成国内离婚手续的。这也让人不禁感慨，一段感情经历结婚到离婚，几乎没有留下任何东西。

原生家庭的过度参与，让年轻人难以独自面对真实世界，去体验寻觅，体验失败，体验调整。原生家庭与新家庭的过度重叠，让新的家庭难以建立有效的功能性边界，也让年轻人的婚姻更像是两个孩子在过家家，而不是两个成年人在经营生活。在来访者离婚不久之后，她的前夫在我这里的咨询就结束了。而她后来还继续在我这里做咨询，慢慢进行情感的恢复和其他方面的调整。

婚姻空壳的迅速拆解

这场离婚其实对他们双方的人生轨迹几乎没有影响。在之前的婚姻里，他们既没有过好二人世界，也没有融入对方的家庭之中。因此，离婚对他们来说也很简单，只是把对方的微信和微博都进行了屏蔽，两个人就很顺利地进入了不同的轨迹，彼此完成了分离。所以这也是他们情感关系里很重要的问题，在真正结婚之后，双方没有主动独立地去经营婚姻和家庭，这就导致了后来他们的婚姻只有外在的空壳，里面是没有内容的。

在双方共同生活期间，他们相处得更像是不和谐的室友关系。当面临日常矛盾冲突的时候，他们会直接进行言语攻击，来访者的前夫会很愤怒地把她的衣服行李扔到门口，让她滚出家门。所以她会感到很崩溃、很绝望，觉得自己不属于这个家，没有安全感和归属感。由于双方并没有用心经营这个家，他们都会觉得自己只是这个房子里的一个住客而已。而对双方父母来讲，他们也觉得这两个孩子的婚姻就好像一场有法律效力的恋爱而已，恋爱过后就面临分手。只是这个分手要经历一系列法律方面的流程，但最终仍然是没有在彼此的人生里留下什么痕迹，就好像不曾发生过一样。

婚姻不是恋爱的终点

我们常常会提到的一个问题是，人们如何能够在婚姻中获得爱的持久性？我们会看到，很多人在恋爱中，如同攀登般不断进行自我成长和全方位提升，而进入婚姻后却停下了脚步，仿佛婚姻是这场人生攀登的终点。然而，在时刻变化的人生中，我们也需要持续为自己注入新的内涵，让自己能够适应新的场域。

给新的角色赋予新的内容

很显然，无论是这段婚姻中的哪一方，都没有赋予自己作为妻子或是丈夫应有的角色和相应的功能。其实婚姻更注重的是双方在角色功能上的转变，需要彼此为这个崭新的角色赋予崭新的内核。在婚姻里，来访者其实并没有意识到丈夫对于自己这个妻子角色的期许，比如照顾好家庭，把家里打理得井井有条，等等。当时男方在咨询室里很纠结要不要离婚，其中很大的争执分歧就来源于家庭中的日常家务。男方是一个独立性很强而且对生活质量要求很高的人，会把家里面收拾得一尘不染，对家中物品的摆放也很有讲究。比如他十分爱好喝茶，对于茶杯茶具的摆放位置非常在意，也会要求保洁人员尊重自己的生活习惯。而他的妻子，在家中更在意舒适放松，经常会把家里弄得杂乱无章。更令他们感到崩溃的是，两个

人的作息规律完全不能够同频。当一方疲惫困倦想睡觉的时候，另一方往往正处于深夜兴奋状态。然后一方感到不被理解照顾，另一方感到败兴失落。

面对婚姻时，我们其实需要做很多的心理准备来逐渐形成对于婚姻的认知。除了接受现实生活的光芒退却，处理婚姻里发生的纷乱琐碎，也要接纳双方情绪状态的不同频和生活状态的不一致。而这些常态性的错位需要我们进行持续的处理，度过漫长的磨合期。我们可以看到，在具体的生活事件上，来访者双方完全是沉浸在小孩子的角色里去过家家，而不是进入妻子丈夫的角色里去相互包容、理解与支持地经营生活。

共同经历和共同经营

来访者双方所呈现出的另外一个很明显的问题主线就是，他们没有共同经历和经营的事情。在共同经历上，两个人在谈恋爱的时候还经常去北京各个夜店酒吧玩到深夜，但结婚之后，两个人之间却会因此发生矛盾，比如男方愿意和很多漂亮女性跳舞，这让女方觉得很不爽。几经摩擦之后，两个人一起晚上出去玩的频率就迅速降低了。每到周末，女方愿意去郊区自驾游，而男方只想宅在家里看电影，渐渐地两个人周末也不在一起活动了。因为缺乏共同爱好和共同经历的生活事件，他们之间就失去了这种非常具体化的依赖和支持。

婚姻不同于爱情最明显的地方就在于，婚姻有着一张综合情感、利益于一体的社会化、法律性的合同。既然是一份特殊的合同，我们就需要以一种持续经营的心态来对待。在情感生活中，他们没有去共同经营，慢慢地丧失了原本的亲密与激情。女方在咨询过程中提到，每当她洗完澡赤身裸体的时候，她的老公都不会去正眼看她，甚至会嫌她挡到自己正在看的好莱坞电影画面。对此她感到无比失望和愤怒，也感慨当年的一见钟情与风花雪月最终竟落得这般场面。

当光环逐渐褪尽，亲密关系失去了神秘和美化，我们会发现他们依恋关系里一系列实质性的核心环节都已经不存在了。第一个层面上，他们之间性的相互依赖、情感的相互交融已经没有了，两个人从情感缠绵走到了后来的只是如室友一般地生活在一起。第二个层面上，双方对于各自发展有着不同的方向和节奏，却没有彼此支持陪伴。当男方想要更多地把身心投入工作事业时，女方想要继续在学业上有所前行。由于双方难以认可对方的发展，也就难以在道路上相互给予鼓励和陪伴。第三个层面上，他们没有去创造属于二人婚后世界里的共同事件。他们不仅没有在日常娱乐爱好上去共同经历和经营，也没有在生活大事上做出进展，比如给家庭带来新成员，或是主动维系双方原生家庭的沟通联结。

稳定长期的婚姻关系，不是简单地相互叠加，而是彼此结成一个有机体。婚姻关系中的双方，让自身获得满足，也要满足对方的需求；让自己得到滋养，也要主动去滋养对方。这样，两个人才能获得超出双方总和的温暖和能量，这种能量不仅仅来自双方个体，

更来自他们之间的互动关系。

婚姻在人生中归属何处

在中国文化语境下，婚姻被当成了一件人生大事来进行考量。古往今来对于它的宏大描述也给人们带来了超出现实的期许，仿佛一场仪式就能给人生带来巨大的突破、重组和飞跃。可是很多年轻人往往还并不清楚自己想要的到底是什么，就在周围环境的裹挟之下走向了未知的道路。人们从恋爱到婚姻的过渡期往往会碰到人生的整合期，才刚刚看到了这个世界时而清晰时而模糊的外形，也刚刚看到了让人既兴奋又迷茫的可能，然后在自由与归属之间经历徘徊。而一场婚姻，却又让人们不得不作为主角性体验者，从一个家庭走进下一个家庭。

因为对自身理解的匮乏，对婚姻本质认识得不够，人们往往因为爱情光环、情感执念或是外界环境的推动与现实压力而进入婚姻。这种缺乏身心准备的结婚决定，往往也会让人们错过很多成长的机会。看着那些履历优异却面容疲惫的人们，我们不禁会感叹，很多人生的可能性，就在纠结折磨的婚姻中被非常可惜地内耗掉了。

其实婚姻总会有它的归属，离婚可能是归属，相互愉悦或是相互纠结地过下去也可能是它的归属。当婚姻被人们神化成真爱的归宿时，我们有时会在这个命题限定下，执着地停留在一段并不能够获得滋养的关系里，或是急忙进入下一段未知的关系。我们有时也会听闻别人的情爱人生，然后忍不住去通过他人的经历来判断和衡量自己的恋爱和婚姻。然后我们会发现，婚姻的走向并没有什么规律可言，每个人的婚姻都会呈现出不同的形态。面对种种变化，不变的最终还是我们内心的诉求。我们终会意识到，是否处于婚姻状态本身并不能够证明幸福，别人相似或是相去甚远的婚姻也不能够佐证幸福，只有我们自己才能够把握自己的人生。

关系时差：事业女性所面临的情感境遇

——「在享受和承受的二元世界之外，也应给自己多一些接受的空间，存放那些无力改变的人事境遇。」

咨询案例

　　这位来访者来到咨询室谈到，在她的婚姻中，双方都出现了越轨危机。他们夫妻双方在 20 世纪 90 年代的时候就来到北京打拼，在那个餐饮行业利润丰厚的年代，夫妻俩从北京的一个餐饮门店做起，到后来在全国各地拥有了连锁店铺。他们的生活也从北漂时候住地下室到现在拥有两套北京繁华地段的住房。两个人事业、生活飞速提升的同时，感情却面临终结。

　　来访者的丈夫在经历了几十年的奋斗之后，觉得既然已经实现了财富自由，不如享受安逸生活。于是，他慢慢从生意里抽身，开始寻欢作乐，不仅经常赌博，还不断地和一些年轻女孩子发展情感关系。与此同时，来访者想要把生意发展为人生事业，于是整日奔波，也无暇顾及两人之间的情感生活。

后来，来访者因为生意应酬遇到了一个油画店老板。这位年长她十岁的男性艺术从业者，无论是谈吐气质还是眼界思想，都是她丈夫难以企及的。于是，这样的一位异性，就对来访者产生了很强的吸引力，两个人后来也慢慢进入了一段暧昧不明的关系之中。面临选择却又无从选择，她的抑郁焦虑情绪开始严重地困扰她的生活，也让她难以专注于事业发展。

在十几次相对短程的心理咨询过程中，她谈到的现实情感经历却非常丰富。从最开始丈夫回老家发展导致两人异地分居，到双方决定离婚分割财产，再到来访者和这位让她无比着迷的艺术从业者在感情里经历了爱恨起伏，她的纠结挣扎非常真实地呈现在了咨询师的面前。

关系里的权力游戏

来访者的丈夫在遇到她之前，还处在一个高中肄业在社会上混生活的状态。当时的他外形非常出众，在追求来访者的时候更是全情投入，每天接送她上下学，然后带她体验学校里没有的新鲜刺激。没多久，他就把这个学校里成绩优秀、相貌姣好的女生给成功追到了。等到毕业结婚后，来访者想要寻求广阔的发展空间，就和丈夫一起来到北京开始北漂生涯。奋斗之初是他们生活最为艰难的时期，也是感情最为稳固的时候。

可渐渐地，因为彼此携手创业和生活，他们关系里的权力争夺

从工作关系延伸到了亲密关系里。在工作方面，丈夫一直听从妻子的决策，自己只是负责执行。经常是妻子一个电话打过来，让丈夫跑去很远的地方取货，但是出于成本考虑并不让他打出租车，于是丈夫就要时常提着货物在北京城内来回奔波。时间久了，妻子在各个方面都走向了掌握控制权的高位，而丈夫则全方位处于被约束、被管控的位置上，没有任何的自由。与此同时，丈夫身边无论是公司里的女下属还是酒吧里的年轻女孩子们，都对他表现得很是崇拜和顺从，这让他从外界寻求到了家庭里无法获得的内心需求的满足。

在亲密关系的权力游戏里，很多权力失衡的局面都像是一场来自双方的合谋。来访者因为学历文化的优异，一直在丈夫面前很有优越感和控制欲。此外，因为想要拥有更好的发展，她对事业有着很强烈的追求心和信念感，于是她带着丈夫一路北漂，自然而然地就成了对方的影响者。而来访者的丈夫因为关系里的高依赖和低自尊，就很自然地成了那个被影响者。

我们可以看到，那些从属于自身的特质和经历，都是对关系本身的一种自动塑造。高位者聚焦于掌握控制权，低位者聚焦于摆脱被控制，这段感情因为聚焦点从对外合作转移到对内消耗，原本和谐的依赖关系就走向了对立化的竞争关系，从而最终到了权力失衡的倾颓之日。

错位的发展期

在这位来访者身上，优秀女性所面临的情感境遇呈现得很是典型。她的个人模式，外在表现出来的是要求高和能力强，内在核心部分是强势和进取。而来访者的丈夫一直处于追随者的状态，原本他的成就动机就没有她来得强烈，而且他全情投入却难获认可，遂流连声色。于是来访者看着眼前的另一半，会产生不匹配的想法和不甘心的感受，然后通过打压和轻蔑，把攻击性传递给对方，致使对方受挫。

随着生意的扩张，他们有越来越多的下属人员，于是来访者的丈夫就成为一人之下的领导，管理着上百个员工。他经常带着很多女性下属出去玩，只是单纯意义上的吃饭交游，并不涉及情爱。但是在这个过程里，他在这些年轻的女孩子身上获得了崇拜和认同，而这些是他一直在妻子身上得不到的。再到后来，他开始跨越边界，通过自己的权力地位和一些女下属们发展地下恋情。

他们两个人发展趋势的错位，让双方都没有在各个时期获得自己最想要的东西。很多优秀女性的发展期要早于男性的发展期，于是，女性内在那个需要被呵护、被照顾的"小女孩"，男性内在那个希望被认同、被崇拜的"小男孩"，双双都被不匹配的发展期隔在了不同的时区里，彼此难以遇见。当丈夫终于迎来人生高峰时期，他无论是在形象气质还是谈吐表达上面，都到了作为男性最有魅力的时候。可是这个男人的事业主要还是靠妻子在前面打拼出来的，所以这份成熟魅力落在来访者眼里，就是不知拼搏上进，只知声色犬马。

亲密关系里的发展期需要的是匹配，而非同步。适当的发展时

差，往往更能让自己擅长的正好成为对方想要的，从而更有助于充当好亲密关系里的角色。当来访者走到事业成功、财务自由的中年时期，她早已对吃喝玩乐兴致寥寥，开始想要精神上的理解共鸣。油画店老板的出现，让她开始触碰那些被现实压抑了很久的情感主题，他们时而谈论艺术品位，时而交流理想情怀，她终于在历经错位之后，遇见了人生发展期和自己最为匹配的那个人。

关系模式的演变

来访者一路走来，对爱情的理解和需求有着很明显的阶段性变化。在第一段婚姻里，她想要现实世界的圆满，于是她带动丈夫学习企业管理，希望可以彼此配合支持，共同缔结属于两人的事业与爱情。后来当她意识到彼此之间明显的差异时，她选择放任其自流，随他去发展混乱的情感关系，自己则专注于事业发展。直到丈夫提出异地分居，这份情感隔离才被打破，她才沉陷到孤独痛苦里。

后来遇到的画家男友，让她感受到了命中注定般的契合。他们一起看画展，谈人生，每一次的交谈都沉得很深，彼此照见对方的历史脉络。男友身上的浪漫气质和文人作风，唤起了她校园时期久违的对理想化男性的渴求。男友的丰富阅历和开阔眼界，让她终于可以成为感情里被照顾、被引领的那一方。在这段感情里，她获得了理想精神世界的展现。

当她面临现实抉择的时候，她对人生产生了空前的虚无感。从极度的现实化到极度的理想化，她觉得自己获得得越多，反而越不知道自己真正想要什么。于是她将过去的情感关系在她和咨询师身上进行重现。现实化与精神化的强烈情感动力后来也被她投注到了咨询师身上，让咨询师成为她情感世界的容器。

当咨询让她很有获得感的时候，她反而主动提出结束咨询关系。她坦言，自己不希望再去发展出一段非现实层面的情感关系，让自己重蹈混乱。在咨询的过程中，她看到了过往看似混乱实则稳定的关系模式，过度在他人关系里攫取情感需求，最终让他人力量限制自我力量的生长。于是，她想要尝试情感与精神的自给自足。而主动改变自我模式的第一步，就是从咨询师这里开始的。

内在客体的恒常

来访者沉浸在与画家男友的浪漫感情里，以为自己终于找到了命定之人。可后来，她却在一次彻夜长谈中了解到，男友的情感经历极其复杂，不仅情史丰富，而且还涉及出轨堕胎。让她难以接受的是，他在她面前所呈现出来的吸引力，恰恰来自那些难以言说的过去。眼前这个被她理想化的人，面临着外壳的破碎。

人们希望客体恒常，关系永存，因为持久稳定的联结能带给人们内心的安宁和稳定。直至现实由浮动转向解体，来访者才意识到了事与愿违，才想要开始去改变关系模式。过去，她需要时时向外寻找和确认，然后发现，丈夫的远离让她心寒，男友的过往也让她感到慌乱。当她对外在客体的信任一次次地面临威胁，一个稳定的内在客体的意义价值就渐渐显现出来。

在咨询师的陪伴下，她开始尝试去打破对于外在客体的惯性思维。每当她脑海中涌现出对于与男友关系的焦虑和恐慌，她都开始尝试用理性认知去平衡这种情绪想法，然后通过日渐良性的关系模式慢慢替代过往的惯性。与此同时，她也开始尝试去和内在客体建立关系，在一次次的瑜伽、读书、远行中收获美好的独处体验。

一个稳定的内在客体，能够让我们与外在客体维持既独立又依赖的联结关系，不至于过度依附他人而让自己被动喂养，也不至于关系断裂而让自体受挫。来访者后来还是保持着和男友的恋爱关系，享受着外在关系中让自己获得滋养的内容，也享受着内在关系中自我对话的力量。

情感的灰色地带

在婚姻情感咨询里，我们经常能够看到社会舆论的灰色地带。在这里，人们情感关系复杂，感情边界不清。作为咨询师，我能感受到这是社会道德规范世界之下，一个真实存在的人性夹层世界。我们会用道德谴责和法律惩戒去维护理想世界的秩序，但我们也必须承认，很多拥有权钱资源并且占领关系高位的人，特别是男性，却又在不断地打破这种理想秩序。

在咨询里，我会经常遇到一幕幕电视剧般的情境，比如妻子偶然发现自己丈夫找过性服务者，于是上演一出侦探剧，结果发现丈夫在这方面有着无比丰富的经历，和上百位女性发生过性爱关系。还有来访者因为丈夫出轨想要离婚而走进咨询室，结果发现丈夫在全程派人追踪她的行程。然而这些狗血剧情演出之后，最终走向离婚结局的反而是少数。

在咨询室里，绝大部分选择离婚的人，后来都会对这段失败的婚姻感到后悔。很多人会在离婚后的很长一段时间里选择单身，或是有着并不固定的恋爱伴侣。大部分人选择了情感愈合之路，却发现原则性创伤如同不治之症，难以药愈。很多人会选择各自过好各自的生活，表面上走向修复，实则走向隔离。因为女性想要的和男性想要的本就是冲突的。女性想要唯一性，而男性想要多元性，这个冲突从生殖繁衍的动物时期到情感关系的社会时期都难以改变。于是我们会感到失望，这是进化理性面对本能驱力的无力感。

人们为了抵御这种无力感，会去道德审判那些破坏秩序的人，如同脸上盖章一般，希望他们永远逃离不了被惩罚的命运。可无论做何选择，走到后来我们都会发现，婚姻和爱情越来越难以持续性地画等号了。于是我们会说，遇美好时就享受，遇苦难时就承受。在享受和承受的二元世界之外，也应给自己多一些接受的空间，用来存放那些无力改变的人事境遇。

反向链接：来自孩子的威胁和报复

> ——「过去是当下及未来的模板，很多对方身上难以原谅的行为方式，都是个人历史塑造的独特应对模式。」

咨询案例

来访者最早接触心理咨询是因为女儿的叛逆和厌学。等到女儿的状态有了明显的改变，她就想带着丈夫和女儿一起做家庭咨询，因为一直以来，他们家庭内部的关系是存在很多问题的。她的丈夫是国内某大学里面一个很知名的教授，女儿正在读国际高中准备出国留学。他们父女之间难以沟通，彼此之间充斥着不满和敌对的情绪，女儿还曾出现过自残的行为。这个家庭以父女关系为主要矛盾，来访者被夹在中间，日复一日地体会着深深的绝望感和无力感。

于是咨询师为她进行了家庭咨询。因为她是家庭里的核心角色，所以来访者先接受了一段时间的单独咨询，梳理她的成长经历和关系困扰，等到她情绪稳定并且对自身形成了一个清晰完整的认知后，才从个人探索阶段进入家庭咨询阶段。在这个案例里，我们会看到在家庭结构里面，三者之间更为复杂的亲密关系。

代际影响的走向

来访者在自我探索的阶段，最主要的议题就是原生家庭对她有多少影响，而她又把多少影响带到了当下的这个家庭里。在她的成长经历里，她出生没多久就因为父母无暇照顾而被送到了爷爷奶奶家，一直到上小学才回来和父母重新生活在一起。对于一个孩子来讲，当她回到原生家庭当中，看到自己的哥哥姐姐和父母熟悉自如地相处，她会有明显的闯入感。这种家庭结构里闯入者的身份，会带来名义上的不被接纳和认同，情感上的缺爱和缺关注。

所以她在成长过程中，一直在缺失中体验父母之爱的重要性。她大学毕业后很早就组建了家庭并有了孩子，然后把她自认为缺失的爱毫无保留地都给了她的孩子。但是过多的爱往往会走向纵容溺爱，她的女儿就出现了各种青少年常见的叛逆问题。除了厌学逃课和吸烟喝酒，让妈妈最感到害怕的一次，就是在女儿的书包里发现了避孕套，而当时女儿才刚刚上初中。

她也慢慢发现，其实自己的丈夫在他的原生家庭里，特别是在和母亲的关系里，也有着很深的纠结矛盾。他的母亲非常强势爱控制，甚至还经常对他暴力相向。这种控制性的女性形象在他童年时期就已经根植于心，让他在成年之后和其他女性建立关系时，就会不自觉地涌现出对立和对抗的情绪，当他无法把对抗性投递给妻女时，

避免家庭关系的参与和卷入就成了他的应对方式。

　　每个家庭都会有它的生命周期，每个人也都会承载各自原生家庭的模式，影响着下一个家庭生命周期的开始。来访者希望女儿能拥有内心富足的人生，于是努力引导着女儿自我分化的方向。我们会看到，代际影响具有传承性，会让父母的一些人格特质和思维模式流动到下一代身上。代际影响也有着补偿性，会让父母有意识地去打破调整，使得两代人呈现出完全相反的性格。

反向链接

　　来访者的女儿上小学时非常乖巧听话，成绩优秀。但是，如女儿后来所说，再好的表现也换不来自己的父亲像别人的父亲那样来参加家长会。后来上初中时，她就开始厌学早恋，成了学校老师眼中的问题学生，父母也经常会被叫到学校里来处理孩子的教育问题。所以对于女儿而言，成为一个叛逆的孩子，不仅能够获得远超出同龄人的自由，而且能够收获来自父母的关注。

　　慢慢地这就形成了反向链接。在亲子之间的正向链接当中，孩子会表现出乖巧优秀来获得父母的关注赞许。可如果孩子付出了很多努力，都没有被看见和被认同，正向链接就会被视作没有功能，然后被充满伤害性的反向链接所替代。于是，来访者的女儿开始源源不断地制造问题，让父亲这个国际知名的学者专家来处理孩子的教育失败，她用伤害来刺激父亲，从而获得了报复的快感。

　　她的报复心理发展到最极致的时候，就有了一次割腕行为。在反向链接中，孩子会通过退行来获取外界的注意力，正如他们刚刚来到这个世界时的样子。此外，他们也会发展出很多不良和伤害性行为。通过回忆来访者了解到，其实女儿并不真的是有轻生的念头，因为她的割腕从来都没有真正流过血，她只是通过自残来让父母变得发狂，让父母体会到伤害她的代价。每每回忆至此处，来访者都会失声痛哭，觉得自己作为母亲无能又无力，希望心理咨询能够从个人转向整个家庭。

家庭能量的上下流动

家庭系统是有内部的能量层级和能量流动的。在这个家庭里，来访者的丈夫把能量层级强化得十分明显，经常会用像在学校里指派下属一样的口吻来指挥来访者，让她来负责女儿的日常生活和学习。表面上看，夫妻是在分工协作，一个负责决策而另一个负责执行，这个家庭能量是从上至下依次传递的。但是从女儿的角度来看，父亲的能量永远无法直接传递到自己这里。

来访者女儿的很多成长困惑和情感需求没有出口，那么她就会自己寻找替代性出口，比如喝酒抽烟，早恋逃学。当她被父亲否定指责的时候，她就会表现出格外强烈的对抗。这种对抗性也会有不同的级别，级别比较轻的时候，她最核心的想法就是，越不让我做什么我就越要做什么；等到了第二个级别，就会出现更多激烈的现实抗争行为，比如她曾经离家出走，整夜未归，以此表达愤怒，激化矛盾。

等到了最严重的级别，我们就会发现，家庭系统里能量最弱的人往往最具有伤害性。女儿作为一个孩子，她深谙的一点就是，父母最大的痛点和弱点都在自己身上。于是她会通过威胁自己的生命健康来唤起父母最深的恐惧。女儿除了割腕报复之外，还会经常拿跳楼威胁父母，来访者在受到极度惊吓中，只得把家里所有的窗户都加上护栏，然后寻求外界的专业干预。

如果能量的下行传递充满着强者对弱者的掌控和改变，那么能量的上行传递就会体现出弱者本能的应对方式。在反向链接里，来访者的女儿会通过自己制造问题来让自己获益。正如女儿后来在家庭咨询当中的自我表露，她觉得父亲只知道忙事业而不关心自己，那么当她制造出了问题，然后父亲从事业中抽身过来解决这些问题的时候，她便实现了被关注的心愿。这种通过制造问题来推动能量上行传递的方式，是很多孩子获取爱的本能。

很多孩子会通过各种自我伤害的方式来获得家庭之爱。最为典型的方式就是生病，这种生病既包括生理疾病也包括心理疾病。孩子会发现，当自己生病的时候，父母会如期待中一般回到自己身边来关注照顾自己，从而获得自己想要的亲情浓度。此外，也有很多孩子会通过自己的生病，来让充满矛盾面临离婚的爸爸妈妈进行和解，从而让自己能够有一个完整的家。孩子渴望家庭的完整和爱的圆满，但又解决不了成人之间的复杂矛盾，便会倾向诉诸自我伤害和自我牺牲。

在自然规律中，整个系统的问题经常出在最薄弱的环节上。家庭系统也是如此，孩子往往是家庭问题的爆发点，也是解决切入点。我们也要看到，在家庭系统的能量层级里，弱的一方存在着巨大的成长动力和发展空间，它需要源源不断地下行传递来获取充足的能量。

家庭咨询的呈现

后来进行的家庭咨询，对于咨询师而言非常具有挑战性。家庭咨询需要所有家庭成员的共同参与，第一个出现的挑战就是家庭成员不愿参与配合。过去父亲在女儿的教养过程中严重缺席，渐渐女儿也不愿父亲再度参与，可是在咨询过程中，他们却需要面对彼此。在这其中，处理每个人内心阻抗的过程是非常漫长而消耗能量的。但是后来也会发现，这个直面对方并且直视自己的情境设置，本身就是关系破冰的开始。

在谈及父女冲突的时候，女儿讲述自己如何躲到浴室里，在手腕上割出一道道伤口，而父亲讲述自己如何拿斧子破门而入，直到后来他们家的所有门再也不安装门把手。女儿恨父亲恨到咬牙切齿，父亲觉得女儿有心理疾病。直到后来父亲能够意识到自己身上的问题，特别是对于整个家庭的缺席，他对女儿就有了非常强烈的内疚感，希望能够重新参与到这个家庭中。

咨询师为他们找到了一个最简单直接的方式来表达情感，就是给对方写一封信，然后当面读给对方。父女不约而同写的都是女儿

童年时期的事情，都只字不提后来的水火不容。于是，每个人都在对方的视角下，重现了对方的历史。过去是当下及未来的模板，很多对方身上难以原谅的行为方式，都是由个人历史所塑造的独特应对模式。当两封信读出来之后，父女二人在咨询室里抱头痛哭。长久以来的家庭卡点终于开始走向纾解，这个场景也让来访者既痛心又幸福。

随后，咨询师让他们三人分别写下对过去、对他人和对自己想表达的话。接着，咨询师点上蜡烛，让他们决定如何处理这些信件。在咨询室里，他们第一次做了一个共同的决定，把过往烧掉，把仇恨和不满放下。在这个三角关系里，每个人都成了对方的催化剂，激发了孩子与父母、与自己未解决的冲突。然后在这个仪式化的情景下，他们一起找到了这个家庭生命的成长节点。

婚姻的属性

来访者与丈夫之间的夫妻情感模式，也在家庭咨询中得到了很清晰的呈现。其中最主要的，就是家庭投入程度的不对等。来访者过去一直在央企做着一份很轻松的财务工作，然后把更多的时间和精力都投入家庭里。最开始她以丈夫为中心，后来她以女儿为中心，等到父亲在孩子成长过程中缺位了，她就填补了父亲的位置，然后全方位地照顾孩子。所以夫妻关系表面上的夫唱妇随，实际上往往有一方是在过度承担的。

但是从现实来看，亲密关系中如果存在着负担者或是追随者，这样的婚姻家庭经常是最为稳定和谐的。相比之下，情感关系双方的绝对平等往往意味着家庭内部的不平静。在当代社会，人们很难像过去那样做出绝对化的主外主内的家庭分工。两相并行，齐头并进，很可能会带来家庭内部力量的动荡，从而导致"火山爆发"。很多夫妻最终能够走向和解，都是彼此找到既独立又依赖的平衡点，两个人能够在不同的区域空间里，变换着主导者和追随者的身份。正如来访者夫妇，他们在咨询过程中重整了家庭版图，让家庭分工的配比从非黑即白走向各有倚重，让每个人都能在各自的领域里获得足够的实现。

我们会意识到，婚姻走到后来，情感属性会变得越来越弱，而合作属性则会越来越强。在恋爱时，我们可以恣意尽情地寻求情感喂养，可以在退行中寻求存在感和价值感，并把它当作一种情趣。而人到中年，两个人要共享经济利益，共担责任义务，要一起经历生命的起承转合。于是，婚姻就成为两个人携手抵御人生风雨的温暖阵营，而不再是纯粹情感阶段中无限寻求爱与关注的培养皿。在婚姻里，两个人都要渐渐成长，成为各自领域里能够独当一面的独立者，然后彼此承诺一段美好关系，共赴一场前途未知的奇妙命运。

灰度学婚姻：男性缺位的当代家庭

——「不要只和婚姻里的那个人发生链接，而是要和整个世界展开链接。不困于林，世界皆是容栖之所。」

咨询案例

在上一篇家庭咨询的案例中，来访者的丈夫可以说是整个家庭动力改变的关键点。在父女之间的多年对峙中，父亲终于意识到了自己在家庭里的长期缺位，于是他在触动之后寻求参与和解，使得这个长期冰冻的家庭能量开始流动起来。在咨询室里，父亲看到了自己过去的问题，他对妻子和女儿习惯性地否定指责背后，具有很深的攻击性和伤害性。在家庭咨询里送礼物的环节，他也发现，自己连妻子和女儿的喜好都不曾了解。

于是，丈夫开始反思自己所引导的家庭模式，并寻求改变。他尝试对女儿的当下进行理解和接纳，包括学习、恋爱、抽烟、喝酒，等等，从一个父亲的视角来进行解读。他也尝试给予妻子更多的照见，

124

看到她对家庭的贡献和自我的隐忍。随后，他在咨询师的影响之下，尝试全新的交流模式，从习惯性地提要求，慢慢过渡到不提要求，只言期许。

在家庭咨询的最后，来访者一家三口通过召开家庭会议的方式，来表达他们对于家庭新阶段的期许。他们决定重新划分家庭版图，重新布局家庭空间，然后每个人找到各自的位置，做好各自的事情。随后，来访者还把丈夫带到咨询室里，通过短期夫妻咨询来处理亲密关系中出现的问题。在现实世界风平浪静之后，来访者开始寻求咨询室里的个人成长，开始了一场对于爱与生命的意义探索。

男性的存在与缺席

在夫妻咨询中，来访者表达出了自己长期以来对于丈夫的不满，其中最核心的不满就是丈夫对于家庭关系和亲密关系的双重缺位。来访者的丈夫是事业型男性，会潜移默化地把管理学校研究团队的方式用来管理家庭。在过去的十几年里，每当出现家庭重大事件，比如孩子升学、家里买第二套房等，都是丈夫做决策。他一直扮演着上司而非父亲与丈夫的角色，只下指令，不去执行，只问结果，不管过程。

在社会演变的过程中，男性在家庭中的角色身份是越来越多元化的。也是由此，男性在家庭中的存在状态也不仅仅是缺席或在场。除却全方位放任不管的男性，或者教科书般完美的父亲与丈夫，绝大部分男性都会在某些角色里充分在场，而在其他角色里参与不足。

于是，部分角色的充分在场，就成了他们应对其他角色参与不足的有力解释。

每当来访者指责丈夫缺席，他都会表现得十分愤慨和委屈，觉得自己对家庭贡献重大，他人却视而不见。在他的概念里，男性角色被过度简化，使得他在家庭决策者和物质供养者的角色里获得了成就满足，却忽略了他养育者和陪伴者的多重属性。随着咨询的深入，他才看到了养育、沟通、陪伴、支持等这些更为丰富的男性维度。

他们夫妻之间的情感改善，从建立一个良好稳定的沟通渠道开始。咨询师为他们建立了一个家庭日，约定每周末安排一天时间，彼此放下个人的事情，全情投入家庭的共同活动里来。在过去，丈夫经常加班到深夜，凌晨回家后妻子和女儿早已入睡。到了早上，来访者很早就送女儿上学，而来访者的丈夫则会睡到很晚，然后等着司机来接他去公司。于是整个家庭，在时间和空间上都出现了严重的错位。而家庭日的出现，使得家人之间能够在常态性的错位之余，拥有高质量的复位时间，使得彼此之间的沟通渠道能够顺利运行，使得家庭关系从散的状态渐渐朝着聚的状态进行演变。

两性需求

来访者的丈夫事业有成，为家庭提供了极其优越的物质条件，每次到全世界各地开学术会议之后，也都会买价值不菲的衣饰珠宝送给来访者。可是家境越来越好，来访者的内心却越来越空。她觉得家庭资产地位的全面提升，可以带来短暂的愉悦享受，却难以弥补她的情感空缺。在这个典型的两难困境里，咨询能够帮助人们远离失衡，却难以达到完全意义上的平衡。

我们会发现，当人们步入中年，两性差异在心理需求层面会表现得十分明显。我们经常会说，男性更注重现实层面，女性更注重精神层面，这体现为女性对于心理层面的需求比男性的更多和更深。具体而言，女性除却内在的不安全感和各种情绪需求以外，还有对于觉醒独立的自主需求，和对于生命丰盈性的高度需求。值得一提的是，需求没有高下之别，都是个体对于世界的认知方式和参与模式。

在心理咨询过程中，两性需求的差异也体现得很是明显。对于咨询，来访者丈夫的目的很简单，就是通过交咨询费来解决现实问题，比如女儿的教育问题、与妻子的沟通问题。当面临更深层的自我探索时，他最开始表现出明显的抵抗情绪，觉得自己花费金钱，得到的只是被否定，感受到的只是自己的失败。所以咨询的最主要目的，就是让他看到自我改变所带来的现实力量。

绝大部分男性在咨询室里进行的都是短程咨询，只要现实困境得以解除，咨询就可以结束了。相比之下，女性对于内在探索的需求更为强烈。完成自我实现，走向岁月静好，很多女性仍然会向上寻求生命的意义价值。面对不同的诉求，咨询师会让不同的人在不同的世界里完成不同的议题，让现实者获得现实化的圆满，让理想者得到理想化的求索。如果在此之外，能够让人们体验到理想与现实的交互观照，让人们愿意拓宽新的疆域，这会是

作为咨询师的幸福。

偏执化的假性成长

　　自我成长是现在很主流的一个议题。但是现实中，很多人在秉持成长信念的同时，会觉得自己越是成长，越是受不得委屈。于是把自己围于一个自我偏执化的认知当中，形成了一个假性成长。在来访者进行家庭咨询的过程中，这种偏执化成长就体现得非常充分。来访者的丈夫在全世界参加学术会议，获得了自己想要的名利，然后给妻子买各种衣饰珠宝。他给妻子人为地构造出了一个假性需求，在需求满足中完成了一轮假性认可，最终满足的却是自己。

　　想要打破这种假性成长，我们需要时刻提醒自己，当我意识到我很重要的时候，我也一定要意识到对方很重要。通过完成假性认可来获得优越感，会迅速给人带来自我提升的错觉，这种轻易而又诱人的错觉会被慢慢常态化，然后演变成对周遭真实世界的视而不见。而当我们真正重视对方的时候，我们才会去深入觉察和辨别，哪些是对方想要的东西，哪些是自己想要的东西。打着爱他人的名义来满足自己，这种假性满足所维护的关系，是难以稳定持久的。

　　在真性成长里，自我的提升能够带动周围人的成长。让自己成长为一棵参天大树，从而拥有庇佑周围花木的荫翳。很多时候，假性成长会让人们变成一棵藤蔓植物，通过不断吸附他人，来证明自己的存在。于是我们经常会看到，一些秉持美好信念的人，最终走向了被周围人无限远离的局面，令人唏嘘。这对于人们而言，不仅是落空，更是伤害。

其实，很多心理咨询师也存在假性成长，会不断通过帮助来访者来满足自己的成就感。很多人在成就他人的同时，并没有好好去处理自己的问题，而是通过助人的形式来佐证自我的完好强大。所以我们会说，在成就别人的同时一定要成长自己，因为真性成长难以通过外化形式来佐证，只能通过实质内容的提升来被时间证明。

婚姻是混沌学

在上一篇文章中我们提到，这位来访者的家庭咨询具有很大的挑战性。除了家庭内部的复杂动力，另一个挑战就是，来访者的丈夫在咨询室里坦白了一段婚外情，这使得刚刚出现缓和迹象的夫妻关系再一次陷入水深火热之中。如同之前很多案例中面临婚姻危机的来访者们，这位来访者也是在经历了百般冲荡之后，最终选择了和解。经历相似，不再赘述。

相信很多人都能感受到，情、爱、性和婚姻这四者之间，在人性的作用下，是难以持续画等号的。但是在婚姻里，我们又需要建立起这种一一对应的长久关系。所以我们需要认识到，婚姻本身就是一个充满灰度色彩的混沌学。如果婚姻里没有爱情，那么婚姻制度本身可以说是一个纯粹意义上的长期合作。可是当婚姻加入爱情之后，就如同加入催化剂一般，会把婚姻的本质变成一种混沌状态，然后让人们各自甘苦。

于是很多人希望用婚姻来保障爱情，结果失意地发现，婚姻很

难保障爱情的天长地久，因为婚姻从最开始就不是为了情感的运行而产生的，婚姻是对社会运行和个体生活的稳定性保障。在面对情感危机和纠纷时，婚姻作为保障的本质得以彰显，它通过人性来制衡人性，通过对财产名望的风险规避，来实现情感关系的相对秩序。降低期待，提高自己，我们听过千百遍。这是最朴素的生活信念，也是至高的人类自觉。

去和世界链接

我们渴望婚姻，因为在婚姻里，我们能够放下社会身份属性，恢复成更纯粹的人。我们可以与伴侣对坐在晚餐的桌椅前，相依在夜晚的床榻上，袒露真实，体验宽弛。这也是为什么我们渴望自由与孤独，却仍然难逃人与人之间的缠绕牵绊、情爱消磨。往小了说，这是人们穿梭于日间工作学习的疲累后，等到的夜间心愈；往大了说，这是人类在群居动物与独居动物之间本能的徘徊游移。

我们都渴望情感稳定，生活富足，这是婚姻能够实现的部分功能。可当我们想要更上层的精神追求和生命价值时，是需要在婚姻之外获取的。面对现实的复杂多变，如果说要找一个出路的话，那就是接纳婚姻的不完美。接纳美好事物的有限性，是我们对于现实世界所发展出的良好适应能力。在这种适应下，有限性的体验就会成为我们寻找新世界的前行动力，让我们不至于在旧世界里白白消耗。

在婚姻里寻找人生完满，如同在沙漠里等一艘船。婚姻最大的悲哀，就是把所有寄托都放在对方身上，然后在这个自我划定的有限范围里，把自己变成一只绝望困兽，让自己在原地打转，让他人爱莫能助。直到有一天，经过一番彻痛，终于得到了悟，原来存在感和价值感，这些人生议题无法被婚姻的成功所承载；虚无感和孤独感，这些生命主题也不应由婚姻的失败所背负。用理想化去盛装伟大，我们终将面临实现之后的漫长空无。

所以不要只和婚姻里的那个人发生链接，而是要和整个世界展开链接。去旅行，去体验，去感受，然后让你的情绪从眼前人身上走出来，在他人他事上，体味更多层次的化学反应；去交谈，去工作，去创造，然后让你的想法从你的脑海里走出来，去更广阔的空间里，看到思维变成现实的乐趣。当眼前的现实与心中的理想皆变得丰盛，混沌婚姻的苦难就会被稀释，幽微人性的伤痛就会被消解，然后种种情绪都会落在可承受的范围里，从而形成强大稳定的内在气象。

不困于林，天下皆是容栖之所。

不囿于情，世间皆是欢盈之境。

第四章

自我认知

掌控感：强大女性角色的关系吞噬

——「饥饿的人吃撑了胃，缺爱的人在求爱中自伤。
人生走到后来，还是自我追逐和享受。」

咨询案例

这位来访者是一个方方面面都令人称羡的中年女性。她在事业上一路做到了央企事业单位的部门主管，经济收入稳定，工作内容上也有着很高的价值感和成就。她的丈夫也是一个公司高层，因为工作性质的原因，常年被外派到新疆和青海等地区工作，收入更是可观。于是多年累积下来，他们在北京有了多套住房以及优质的人脉资源。此外，男方的父母对她关怀备至，自己的孩子也十分乖巧上进。这些都让曾经的她感到无比骄傲和安定。

美好安稳的婚姻生活过了没几年，她就发现自己的丈夫出轨了。有一次她在帮丈夫收拾行李的时候，从行李箱里面翻出来了安全套。当时对感情生活毫无危机感的她，对此没有太在意，也没有过问。

后来她在咨询室里回忆的时候，觉得自己可能潜意识里也在默许和默认，一个人到中年的事业男性，只要别给家庭引起风浪就好。直到有一天，她收到一条陌生短信，说她的丈夫已经不爱她了，他们两人的婚姻里没有爱情，替她觉得可悲。来访者是个情感方面很粗线条的女性，以为对方发错短信了，还饶有兴致地跟她丈夫分享这个八卦。但是她丈夫看到之后，表情一下子就变得很不对劲，原来发短信的人是丈夫在外地的情人。

后来丈夫还是承认了这段婚外情，并且向她道歉。她经历了短暂的痛苦时期之后，选择了妥协式的原谅。可自此之后两个人之间的感情还是变了，没有性生活的交流，也难有情感上的交集。丈夫也答应她，用几个月的时间把这段婚外情处理干净，然后彻底回归家庭生活。可是婚外情中的女方非常强烈地要把这个男人抢到自己这边，中间还上演了一出假怀孕的剧情来逼着这个男人做选择。这样的情势也让来访者的丈夫十分崩溃和后悔。

最后丈夫选择的还是另一个女人，然后和来访者当面摊牌，决定离婚。这让她感到极度痛苦和绝望，觉得自己什么都没做错，自己压抑着委屈忿恨来重新给这个家庭一个机会，可是对方却仍然要和自己离婚。面对这样的生活巨变，她找到了咨询师，并且在咨询结束之后进入了咨询师带领的成长小组，继续在团体中进行学习成长。

过于强大的角色功能

来访者在咨询室里回顾了自己的这段婚姻，发现她自己在家庭

里的角色功能，有着几乎吞噬他人生存空间般的过度强大。她在整个大家庭里兼具了母亲、父亲、妻子、女儿等几乎所有的角色，并且把这些角色的功能都发挥到了最佳水准，把自己的全能感展现得淋漓尽致。而到了夫妻关系里，她仍然持续开启这种强大的功能模式，几乎忘了自己丈夫这个重要家庭角色的存在，从而冲淡了对于妻子这重身份的经营。

于是她沉浸在了自己角色的全能感之中，认为搞定家庭中一应大小事宜就是维系了家庭大局。无论是给双方父母在老家买房买车，安排生病老人住院检查，还是规划孩子的教育发展，这些重要的家庭事件都不需要老公出现和参与。丈夫表面上看起来轻松自在，可是在家庭的核心内容构成上，他是没有实际位置和地位的，更没有实际权力和资源。所以说妻子过多地占有了对方的角色空间，把对方挤占到了一个角落里，让婚姻空间变得失衡。

缺乏共同的概念

双方在这种婚姻运行模式之下，犹如两条星轨一般，各自运行，互不干扰。各行其轨不仅意味着没有冲撞，也意味着没有汇集和交融。当咨询做到两个人的性格模式上面时，咨询师发现其实丈夫在本性上也是很强势、很有掌控欲的。只是他过去没有在客观上获得充足的家庭资源，从而处于一个相对弱势和隐忍的位置上。但是当丈夫因为事业一路高歌，开始去掌握家庭的很多权力的时候，过去压抑隐藏的种种就终于获得了喷发的空间。于是这条单一的星轨就会去寻找另外一条轨道去融合，这也是为什么丈夫后来十分坚持要选择离婚。

很多人都在思考，婚姻能够维系的依凭到底是什么。面对人性的多变不定，好像金钱、地位、相貌、资源等都不足以与之抗衡。可是在每个人各自所带的光环背后，我们是能够去创造属于我们的共同概念的。我们可以共同来分享和分担，共同照顾老人，共同抚养孩子成长，然后一起抵抗意外，一起获得稳固。这些彼此参与创造的内容是难以被他人所替代和分割的。

所以当来访者面临离婚现状的时候，她能够去做的更多的是在上一段婚姻中如何争取自己的权利，保护自己的财产。从最初的资源切割到了最终的条款落实，他们一路上进展得非常顺利。大厦将倾，我们可以辨析出属于你的和我的，却唯独看不到属于我们的部分。所以咨询在这个层面上能够帮到她的，就是陪伴她以一个平和稳定的心态度过当下的阶段，然后更好地走向下一段自我成长之路。而这所有一切的考量，只对自己而不涉及对方，每个人都是一个独立的个体。

但是，在婚姻共同体的概念之下，两个人在经历生活的变故与艰难的时候，不再是各自吞咽各自的苦果，而是共同品尝酸涩，直至品尝到最甜的地方。这种共同经历所带来的果实性的核心，才是两个人关系中最为深刻的地方。在这种共同的氛围下，两个人不仅能够帮助彼此来应对生活事件，协助彼此来处理情绪压力，更能在漫漫人生路途上相互携手，一起抵御和分担来自生命最深处的焦虑和孤独。

难以安放的掌控

来访者身上强大的自我功能，在离婚后的适应期阶段也有不同方面的体现。这种过于强大的背后是功能模式的过于单一，让她在自己人生的不同阶段，都全身心地投入当时最想要去做的事情上面，而忽略了对周围其他事情的把控。当她专注于工作和家庭时，就很少会顾及自己内心的成长和修饰。当她边做咨询边开始去关注内心状态的时候，她又一度沉迷于市场上女性灵修类的心灵课程，每年不惜投掷数十万想要去获得成长。这种难以安放的自我掌控，让她时刻处于对过去的忽略和对未来的弥补之中，让自己不断地在人生的两侧之间摇摆变换。

等到她离婚后，她又把自己的精力从过去的家庭里转移到了自己的原生家庭上，接过父母的角色使命，变成整个家庭里的大家长。于是，她开始规划弟弟的学业，管理家庭的经济收支，照顾父母的日常生活。就像当年包揽前夫家庭里所有的任务一样，她又开始对原生家庭做着重复的事情。我们会发现，一个人的行为模式是很难进行彻头彻尾的改变的，人始终需要一个属于自己的王国来体现自己的能力和价值。咨询师需要去做的，并不是帮助人们建立新的王国以逃离过去的躯壳，而是帮助人们在现有的王国里不断地去构建新的内容，从而获得更好的平衡和发展。

婚姻的形式和真实

在咨询室里，人们总会不断地去探讨到底是离婚还是不离婚。

探讨到后来才会发现，其实婚姻里的选择和走向，并不会把我们带往最糟糕或者最可怕的地方去。只要你能够想清楚，当自己置身于当下的环境之中，你能不能获得你向往的幸福和自由，这才是你能感受和触摸到的真实。相比之下，形式上的组合和剥离所能带给我们的，远远没有我们想象得那样多。

当来访者谈到以后是不是还要再进入婚姻的时候，她一方面觉得自己到了一定的年龄段不太需要婚姻了，另一方面也还是难免会渴望岁月静好的婚姻生活。当她慢慢经历新的人生阶段，找到新的发展方向，找到新的社交圈层，她就没有再去刻意关注那些外在形式上的东西。这种放松，反而让她感受到了来自当下的满足和安定。形式不等同于真实，通过形式所构建出来的东西，往往会因为徒留形式而倒塌。

当我们把现代婚姻放在人类发展的尺度上，我们会有更深的体验和思考。人类的进程太过于漫长，以至于婚姻难以适应人性的变迁。人类的文明也太过于庞大，让婚姻未曾顾及人性幽微。婚姻把人们带到了某个时刻和地点，给了人们群体性的利益和可能，也给了人们个体性的迷茫和无度，从而发生了那么多在人性与道德之间博弈和游移的生动故事。

每个人都在选择

在感情中，我们常常探讨匹配性，其实每个人对于爱的浓烈深浅也是存在匹配度的。来访者一直没有经历过那种深层次的爱，后

来对这种爱的需求也是忽略和隔离的。对她来说，与其送玫瑰和钻石，还不如把钱拿来投资。在她的情感认知里面，一起衣食住行就是婚姻当中最理所当然的情感。而爱情中那些充满浪漫色彩和令人迷醉的种种，是难以抵达她的意识和感觉上面来的。

而她的前夫在内心深处对爱是充满渴望的，直到它被另一个同样渴望爱的女性激发出来。再婚之后，前夫的婚姻生活立刻充满了玫瑰般的色彩。他们一起邮轮度假，一起吃西餐看歌剧。以前他每年也会带着来访者去新疆越野，但是她觉得十分无聊且折磨，没有兴致。而当他带着新一任妻子再来新疆越野的时候，两个人都如同孩子般在戈壁滩上奔跑，释放着对爱情的活力和激情。

每个人对爱的需求程度是不一样的，每个人也都在对此进行选择，以期找到自我、回归自我。来访者在咨询过程中，也在尝试去寻找爱的浓烈和炽热。她开始尝试去看画展、看演出，参加各种社交聚会。但是后来她还是很难从中获得愉悦感，还不如回家，在自己营造的小王国里面去体会平淡安稳的快乐。所以从这个层面来看，离婚这个选择反而让彼此都回归了最舒服的状态，找到了最匹配的人生。

感情浓淡自知

我们歌颂爱情，歌颂那些用尽一生为爱求索的壮丽爱情故事。可是对于一些人来说，爱情本身并不值得如此大动干戈，不值得如此耗精费神，他们也不愿去承担这样的重量，浓淡自知就已经足够。

饥饿的人容易吃撑了胃，缺爱的人容易在求爱中自伤。有些时候，太过炽热的情感最终灼伤的反而是自己，这是我们对于情爱的感性自知。

对待感情的自知，还需要些理性的理解和期待。知道自己想要的和适合的，然后调整自己的理解；知道对方想要的和适合的，然后调整自己的期待。对于回归单身的来访者而言，她可以独自一人去体验习以为常的居家生活，也可以和更多的求爱者去体验未曾展现过的生活。过去婚姻里所经历的叛逃和对抗，如今都化作了平稳落地的沉静和满足。

然后我们会发现，过去追逐了那么多、那么久，可人生走到后来更多的还是在自我追逐。然后我们开始学会在自我追逐中去自我享受。开始知道，无论感情里面的人是否出现，无论生活会变成何种模样，我们都要自己去提供和负担这份享受。我们从徘徊到追逐，从逃避到选择，然后一步步走到了从未想过的地方，看到了从未见过的光景。此时此刻，站在此地，我们面对着的就是属于我们最好的方向。

焦虑传递：想用努力来抵抗不安全感

——「终生成长是时间对生命的漫长雕刻。在这条以生命为长度的道路上，最终的完成者只有自己。」

咨询案例

　　这次咨询中的女来访者和她的家庭关系十分紧张，觉得和丈夫彼此之间互不理解，难以沟通。她和丈夫表面上是女强男弱，实际上双方都非常强势，只是在一山不容二虎的争斗中，丈夫不得不妥协退让，暂时压抑隐忍。在平时生活里，他们是典型的男主内女主外的模式，丈夫每天风雨无阻地接送她上下班，并且承包了大部分的家务琐事。

　　来访者很焦虑的问题就是，丈夫赋闲在家，没有工作。在两人相识之初，丈夫在银行里做金融销售，平时工作任务量很大，收入也十分丰厚。后来等结婚生子之后，家里不仅还完了房贷，还有了不少积蓄，于是他就干脆辞职回家炒股，想通过这份轻松自由的工作来谋生。在他刚开始炒股的时候，那时的股票市场行情还不错，所以他在不稳定的赔和赚中获得了不少收益。

而来访者从事 IT 行业，工作强度非常大，她本身事业心也非常强，在接连几次职位晋升之后，薪酬也是一路上涨。在她生完孩子决定回去工作的时候，她面临着一个调整适应期，在工作上产生了很大的压力，从而开始变得焦虑烦躁。当她把工作中的情绪传递给丈夫的时候，早已远离职场多年的丈夫不仅接不住，也不愿意去接受这些情绪。而来访者一想到自己的丈夫还没有工作，就变得更加焦虑不安。因此，来访者经常会冒出想要离婚的念头，觉得自己付出过多，没有理解也没有回报。于是她会把她的苛责和挑剔，以吵架、冷战的对抗形式表达给丈夫。

她在咨询室里一直在质疑自己的婚姻，觉得这场婚姻没有给自己带来任何东西。两个人要不就是各忙各的，各挣各的钱，各做各的事，要不就是在一起，时刻激发矛盾和冲突。后来来访者决定做心理咨询的直接原因在于，两个人在很多事情上的认知存在很大差异，比如孩子的教育发展和双方的职业规划等，来访者总觉得自己的丈夫安于现状，没有追求。而深层次的原因在于，她感受不到来自丈夫的保护和支持，也难以对丈夫产生依赖和依恋，从而对生活感到不确定和不安定。

不努力就焦虑

来访者从小学到工作，一直都是靠自己的勤奋和努力来成为更

好的自己。一旦停下脚步,她内在的不安全感就会变得非常强烈。在她内心深处,每当面对自己人生的缺失或是短板,她都会感到无比的恐慌不安。而她对抗不安全感的方式就是拼命向上,从而把这种努力状态当作前行的自我依赖。她太渴望通过这种强烈而稳定的奋斗力量来消除理想与现实的鸿沟,所以她丝毫容不得自己有片刻的放松休息。

在工作上,她会不断地学习充电来提升能力,然后不断地换更好的工作。她从一个普通的小员工一路走到负责公司核心项目的经理,管理的人越来越多,薪水也越来越高。为了完成领导委以的重任,以及对自我成就的渴望,她会把自己完全投入工作,时常加班至深夜。面对领导与自己的双重施压,她的焦虑感更是让她的身心状态都处于跌宕起伏之中。此时,心理咨询师能够为她做的,就是当一个稳定的陪伴者,在陪伴中分担她人生的波涛洪流。

内心的情绪不仅盈于内心,也会无限蔓延,从而把焦虑传递到家里的各个角落。她看到自己的丈夫躺在沙发上玩手机会焦虑,看到儿子只看电视不写作业也会焦虑。每当她一回到家,家里的这两个男人就觉得家庭气氛好像凝固了一样。在她焦虑目光的所及之处,全是更加激起她焦虑情绪的"钉子"。于是她就会拿起锤子去敲打这些"钉子",在对抗与发泄之中,形成恶性循环。

看到自己的丈夫没有固定职业,她会不断地劝说他出去工作,即使丈夫在家炒股所挣的钱已经超过了很多同龄的职场男性。她也会不断培养自己孩子的兴趣爱好，从篮球钢琴到英语奥数。每当她看见其他孩子在学什么，她都会和咨询师探讨要不要让自己的孩子也去学习。她执着于拼命努力的姿态，渴望从家人身上看到和自己同样的东西，却很少想过，在努力的另一面，每个人想要的到底是什么。

走好各自的轨道

懒散和懈怠，在她的人生词典里，是带有强烈羞耻感的贬义词。于是她用遍方法来推动家人努力向上，比如给孩子报名各种辅导班，让孩子的周末时间完全被课程填满。每次她要交培训费用的时候，孩子的反抗情绪都非常强烈，丈夫也很反对这种严苛教育。但作为家中的主导角色，她最终还是通过她一如既往的严苛掌控得到了家人的顺从。于是，她把家人推入加速轨道上，让他们去实现她想要的人生。

对此，她丈夫的应对方式就是抽身退位，既不管事情也不出钱，而她就像一个随时可能会爆发的火山一样，对丈夫发泄不满。后来通过咨询她意识到，过度干预他人轨迹，不仅获得不了她预想的结果，还阻碍了他人原本功能的发挥。当她放开手让家人自由发展的时候，丈夫不仅主动接送孩子上下学，还愿意用自己炒股赚到的钱来支付家庭旅行的费用。就这样，她把很多自由交还给对方，也把很多焦虑和压力分散了出去。

后来她进入了咨询师带领的成长小组，找到了自己的一个成长渠道，学会倾听表达，学会理解包容，学会用兴趣爱好来专注自己

的人生。 两年前，在她和丈夫的关系慢慢缓和恢复的时候，她很喜悦地来告诉咨询师，自己意外怀孕了，他们全家人都很期待这个新生命的降临。在怀孕期间，她的心态变得更加包容和接纳，开始去欣赏丈夫和孩子各自不同的节奏步调。

每个人的生活轨迹都如同音轨一般，不仅有各自的节奏和高潮，还要在互动中完成主旋律和伴奏的相互配合和相互转换。当她退回到自己的轨道上，让每个人都能专注演奏自我的时候，她就会发现，正是每个人节奏步调的错落有致，才构成了家庭生活的交响乐章。

真实人生的演练场

很多来访者在咨询结束之后会进入咨询师带领的团体成长小组，来体验更为长期的浸泡式成长。简单来理解，团体成长小组就是为我们的自我成长提供一个真实的模拟环境。咨询室里面进行的是一对一互动，探讨的内容也更具体、更有针对性。而到了团体小组这个成长环境中，我们与他人进行互动，将咨询室里的领悟进行现实化的演练。

团体环境既是模拟，也是疗愈。有的人进入团体之后从来不主动说话，那么团体中的导师和同学也能够接受和接纳这样的人每次安安静静地坐在角落里沉默着。经历几次沉默之后，小组中一定会有成员主动和他们去互动交流，然后慢慢地把他们带进团体的场域之中，让他们去体验团体的动力。我们说团体是一个模拟的现实世界，可这个模拟世界又比真实世界多了疗愈性，因为成员之间没有经济和情感层面的利益驱动。在这里，人与人之间的链接具有更为纯粹的成长动力。

在这个成长动力里，最为重要的是找到自己的成长途径，从而接近和抵达我们的成长彼岸。如果说内在成长更多是指我们的情感能力和人格模式的完善，那么外在成长就是我们实际表达能力的提升，比如倾听能力、沟通能力、共情能力等。外在成长是最能够在团体环境中直观体现出来的，比如这位来访者，她会渐渐发现，原先很多对于婚姻的抱怨和指责，都来源于自己不喜欢婚姻里的那个自己。于是后来她学会改变沟通方式，用让自己的丈夫和儿子更舒服的方式来传递情绪和感受，从而实现外在表达能力的成长。

后来，她也开始慢慢直视自己内心深处苛责挑剔的部分，开始走向内在成长。她会发现，自己的高要求不仅自己的丈夫做不到，其实她自己也做不到。然后她在咨询中才意识到，苛责性的自己一直希望找一个完美的他人，来对自己进行涵养。期待落空之后，她就会把愤怒指向对方，然后把自己变得更加苛责。现在的她学会放下苛责，放过了对方，也成长了自己。

持续学习的后花园

就这样，在团体小组里，大家会持续地在固定的时间和固定的场地里体验成长。于是，大家都拥有了一个内心的树洞，它可以容纳消极情绪，还会给予正向反馈。

其实每个人的成长途径和成长方式都各不相同，但是最核心的

成长是持续一生的，这是时间对生命的漫长雕刻。我们最大的现实问题就在于，一旦我们离开了学校，我们就失去了学习的环境。踏入社会后，无论是公司还是家庭，它们都没有责任和义务像学校那样去给予我们谆谆教导。于是我们会看到，很多人在离开学校之后，虽然还在学习职场、生活的社交技能，让外在成人化模式变得非常丰富和完善，但是自身内在的觉察反思能力和行为成熟水平却一直都处于停滞状态。所以我们要主动地去构建学习环境，在我们自己创造出的学校里面，去实现终其一生的成长。

就如这位来访者。她后来走进了以亲密关系为主题的成长小组，和团体中的同学一起实现婚姻中的成长。譬如，她以前很看不惯丈夫在家里自由散漫的生活状态，而现在她开始学会尊重对方的个人边界，欣赏对方的生活态度。她以前总是用指责性和命令性的语言表达不满，如今她开始尝试用更为温和舒服的语言来表达需求。

终生成长的漫长实现

在终生成长的过程中，人们要经历从被定义到自我定义的转变。过去我们在校园里的学习，有着明确而统一的目标，所有人朝着同一个方向迎面而上，内心疲累却也笃定。如今人们在自我成长的道路上奔向四方，虽然拥有了更多的自由度，却要面临更具挑战性的问题：我要去往何处。人们会发现，学校课堂里颠扑不破的真理和按图索骥的方法，难以适用于具有纷繁可能性的人生。更现实的是，生活难有定法，也没有可以奉为圭臬的永恒真理。

　　于是人们会说，我们要去遵从内心的法度和准则。正如在自我定义的过程中，我们要去寻找或是创造属于自己的方向。这更像是一场新旧更替的自我整合，让我们把眼中所见的万种世间价值在心中进行过滤和筛选，舍弃喧嚣和桎梏，留下值得信奉的人生价值。然后我们再以此为基石，构建理想的工作、理想的婚姻以及理想的人生。

　　在追寻理想的前行途中，我们还要学会去面对迷茫和孤单。我们不再有完善的考核系统来准确告知自己自我的成长进度，能给我们卷面分数的人只有我们自己。我们也不再有众多携手的同路者，每个人都在自己设计的人生轨迹中独自行走着。也许我们会收获来自他人的鼓励支持，还有一段同行之路的陪伴，但是在这条以生命为长度的道路上，最终的完成者只有自己。我们要成为自己的老师和同学，在迷茫中给予自己肯定和指引，在孤独中给予自己关注和陪伴。

　　选择也意味着舍弃。在我们选择了一条道路的同时，我们也放弃了很多风景纷呈的道路和可能与之发生很多故事的同道之人。在每一次全力以赴后，在每一次扪心自问是否值得时，我们难免会有些许失落和不安。可是，随着时间的推移，未抵之境越来越近，已竟之事越来越多，内心也会变得越来越平静笃定。渐渐地，我们都能让那个模糊的答案变得越来越清晰。

成长动力：越优秀，越容易在关系里觉得委屈

——「我们探索的轨迹正在朝四面扩张，然后结成一张紧密的网，兜住我们那颗漂泊不定的心。」

咨询案例

在上一个咨询案例中，来访者婚姻关系里呈现出的最核心的两条主线，就是婚姻的阶段性和安全感。在她结婚十年的时间里，这两条主线都和他们两个人的职业状态有着很大的联系。最显而易见的就是双方的职业发展和婚姻阶段，来访者不断升职突破，而对方日渐安于稳定。于是两个人在亲密关系上，从相识之初的平衡和谐，到后来经历冷战对抗之后，女方占据主导地位而男方抽身退步的婚姻状态。

而这背后更深层的问题在于，来访者对婚姻强烈的不安全感。这种不安全感一方面来自自己的丈夫没有把事业和生活经营得更好的进取心，这让她觉得对方无法成为自己的港湾来为自己遮风避雨。

另一方面，这种很强烈的不安全感来源于金钱，她始终觉得，握在手里的金钱资产才能让自己踏实稳定。而这种把自我和关系中的安全感过度寄托在金钱上的认知，很多时候会严重伤害到夫妻双方的关系，让家庭经济贡献多的一方觉得不平衡和不甘心，让贡献相对较少的一方觉得自己被质疑和被否定。

婚姻阶段的刷新式认知

来访者的婚姻在不同的阶段呈现出了截然不同的婚姻特征，双方也承载着完全不同的价值功能。我们可以把她的婚姻划分成三个阶段。在第一个阶段里，两个人刚刚结婚工作，在北京过着租房打拼的北漂生活。那时，两个人有着非常明确的生活目标，就是努力挣钱买房买车，然后安安稳稳地扎根在北京这座城市。所以当时买到第一辆车时，他们特别幸福，每个周末都开着车穿梭于北京城的大街小巷。在这个阶段，他们拥有共同的信念、共同的生活和共同的目标。这份共同感，让他们一起抵御了北漂路上的寒冷和幽暗。

到了第二个阶段，他们有了温暖的居所，有了新的生命，有了日夜盼望的理想生活。可生活一旦进入稳定状态，人们原本专注打拼的心也就有了新的探索和考量。来访者想要更好的未来，让自己的生活水准和所处层次能有持续性的提升。很多时候，对于更好的执念往往会让人们陷入贪念，然后被贪欲所掌控。由贪生痴，由贪也生怨。这份痴心和执念，不仅会让我们对自己产生期许，也会让我们对他人产生更高的期待，而这种期许往往是要落空的。

所以她的婚姻是在第二个阶段出现问题，正如我们常说的七年之痒或是十年之痒，无论它出现得早与晚，它都是婚姻经营过程中绕不开的考验，也是从中窥见关系命门的契机。我们常常感叹，如今的眼前人已不再是当年那个让自己迷恋的发光体。我们也需要明白，没有一成不变的人，也没有一成不变的关系。于是我们会说，在婚姻的不同阶段里，人们需要同步更新婚姻地图，从而调整自己的定位和期待，生长出更好的功能和力量。

当我们对当下的婚姻阶段进行刷新式认知时，我们要接受对方的变化然后调整期待，更要接受世界的常态然后让自己释怀。在认知层面上，首先要去知道和接受，变动是婚姻的常态。当两个人携手走进婚姻之后，总会有人走得快一点，有人走得慢一点，然后两人就在前与后的不断交替变换中，一起度过数十年的风雨阴晴。如果两个人的成长节奏明显不一致，双方还看不见抑或是不想看见差距，那么渐渐地，两个人之间的距离就足以形成隔阂，甚至是难以逾越的天堑鸿沟。

让成长不违初衷

在情感层面上，走得快一点的人还要去面对自己的不平衡和不甘心。就像这位来访者，作为一个对自己严苛要求并且在职场上进步飞快的女性，回到家看到自己的丈夫十年如一日地没有成长和突破，她会油然而生出两人不匹配的想法。家庭财务贡献的不匹配让她不平衡，彼此眼界层次的不匹配让她不甘心。让人觉得很是惋惜的是，那些初衷是想要助益婚姻的自我成长，却往往成了对婚姻产生破坏力和杀伤力的武器，让成长和优秀成为横亘在彼此之间难以摆渡的河流。

面对走在后面的另一方，对其哀怨嗔怪或是打击指责，都只会加速双方情感上的远离和关系上的分离。其实最简单也最有效的做法就是，把成长变成一种具有吸引力和感染力的关系动力，以自己的成长去影响和带动对方进步。后来，来访者自己也积极调整了与丈夫的相处和沟通方式，丈夫也开始尝试做出很多改变，不仅积极接过陪伴和教育孩子的责任，而且每次在来访者情绪不稳定的时候，他都能成为家里最冷静包容的那个人，为她提供她一直想要的支持和保护。

与其过度关注对方的成长进程，我们不如先去看到和肯定自己的成长，因为成长是为了自己，而不是为了对方。明白成长是一种自我完成，我们的内心就会少一份不平衡。感染、带动对方去往更好的方向，而不是向对方索求、命令，我们就会少一份理所当然，也就少一份被亏欠和被委屈的不甘心。这些情感层面上的自我调整，让我们的成长能够在婚姻中始终保持它最初的良性功能。

和自己握手言和

我们会发现，很多人都很擅长通过自我反思来看到自己的缺陷和不足，然后在持续的自我完善中去弥补或是调整。可我们也会发现，很多问题是无论如何努力也改不掉的，特别是那些无限接近于自己本性和本能的缺点。来访者在咨询后期经常会表达后悔，说自己昨天晚上又和丈夫吵架了，自己的情绪又没在孩子面前收好，进而觉

得是自己不够好。其实发脾气和闹情绪都很正常，关键在于出现问题之后，我们能不能主动承认错误和表达歉意，然后让家庭关系变得更加和谐和稳固。

人们往往会活在一个固定误区里，认为改掉自己的缺陷和不足，很多问题就迎刃而解了。在这个误区里，人们建立了一个强而有力的逻辑，极大地凸显了自我能动性改变世界的力量。我们不否认这种生命力对于人的成长价值，可当我们意识到很多事情自己无能为力的时候，我们也需要给自己一些心理空间，去容纳不可为之的失落，去还原自我能动性的原本力量。

在直面缺陷、不足的时候，很多人往往还会产生不配感，觉得满身问题的自己不配拥有更好的事物。在这种不配感里，人们把自己的很多组成部分，例如人格模式和性格特征等，放到对立面来给予消极评价，从而让内在自我处于对抗状态。而要想在对抗中寻求和解，首先要让对面那个不被接受和认可的自己回归到自己身上，然后在原谅中体验接纳，在接纳中体验享受。这才是我们自己和自己的握手言和。

扩展空间维度

来访者后来发现，每次她想要去克服自己的缺点时，内心就会很本能地产生抵触情绪，然后自己就在这条直面与退缩的道路上前后徘徊。而打破这种徘徊最有效的方式，就是让自己去尝试更多更好的事情，放下对单一维度的纠结，寻找更多维度的发展，从而获得一个更为立体多元的世界。来访者一直不喜欢商业应酬，她不会喝酒，也不喜欢酒桌氛围，所以只要有外出应酬她就会躲开。后来，她也开始尝试和领导一起走上酒桌，虽然她仍然不太会喝酒，也不习惯酒桌文化，但她慢慢发现了红酒小酌的乐趣，也感受到了酒过三巡，人性的放松和真实。

我们不少人会终其一生地寻求洗心革面、重新做人，仿佛经历一场自我成长的革命之后，人生就如同涅槃一般，进入一个新的境界。这实际上是一个非常大的认知误区，也是对自己非常大的一个伤害。因为我们没有办法让时光倒流，然后冲洗掉成长在自己身上留下的所有痕迹。我们也没有办法和过去的自己完全切断，像扔掉包袱一样告别过去那个失败不堪的自己。而真正的现实是，过去的每一个自己都存在于我们的血脉之中，影响着此时此刻这个自己的形成。

所以我们要让当下的自己学会更多的技能方法，去展现这个更好的自己。我经常和来访者探讨的改变方式，就是去不断地扩展自己的维度空间，在自己想要隐藏和弱化的层面上，建立出更多充满光彩的新维度。放下改不掉的，拿起可以提升的，很多时候，不去解决也是问题的一种解决方式。当我们尝试新的内容，走向新的方向，很多困局也会由此变得豁然开朗。

让有序感赋予安全感

当走进咨询室的人们被困于生活一隅时，咨询师就会陪伴他们用更大的视角去看看这个世界，让他们从内心的困顿失意中走出来，

然后不断地向外探索和突破。其实这是一个很大的话题，简单来说就是，我们要多一些乐趣爱好，多结识一些人，多见识一些风景。对外部世界的好奇和探索，是人类根植于内心的一个本能，可如今我们会发现，很多人把自己的世界隔离封闭了起来。

人类的生命和生活，本身就一直处于一个不确定的状态，这才是生命的常态和本质。人们总渴望通过归纳总结来找到可以解释世界的定法，从而化解心中对于不确定的恐慌不安。当定法一次次被建立又被推倒，封闭就成了人们对抗无序与不安的有效方式。于是人们在失落中停下探索的脚步，安于此时此刻这个非常确定的时空关系里，譬如确定的家庭关系、确定的工作层级、确定的社会关系等。

人们期待这些确定的关系能够结成一张结构紧密的网，兜住人们漂泊不定的内心，然后让有序感赋予安全感。正如来访者，想要通过事业发展和家庭贡献，来获得理想的婚姻关系和亲子关系，还希望借此解决心中无处安放的不安和孤独。然后人们会发现，很多时候这张网是兜不住这颗心的，太多的期待会让现实关系超载。

从封闭到向外探索

从更深层次来看，其实封闭和隔离是有助于我们进行自我保护的。很多人选择了封闭隔离，其实就自动选择了有序感和安全感，而安全感也会让人们停留在封闭隔离之中。在安全感里停留的时间久了，我们所说的瓶颈就会出现。所以我们需要看见自己在层层保护之下的探索本能，然后不断向外去寻求和转换。这种寻求和转换并不意味着不断地换工作和换爱人，而是我们可以拓宽我们的时空关系，用更多的时间去走更多的路，从而让我们的生命体验变得更加丰富。

在向外拓展的时候，我们会看到很多生活中很优秀的来访者，他们经常会把自己的人生过得很模式化。在这种模式里，他们会有一种强烈而固化的逻辑认知，即做到了努力和付出，就会得到想要的结果。于是他们会像准备考试的学生一样，在努力中等待考试日期的来临。可现实中美好的人和事并不会像考试一样如约而至，它们往往是在无序世界里随机出现在我们身边的。所以从人生成长的角度来看，模式里的努力虽是在向外探索，可也是让自己走上了一条封闭之路。

我们可以试着去怀抱一个更为开阔的心态，去迎接那些翩然而至的美好。也许当机会来临时，我们仍然缺点满满，仍然探索寥寥，可我们仍然配得上拥有和把握。我们要看到内在的不确定感和不安全感在作祟，也要看到我们探索的轨迹正在朝四面扩张，为我们的内心铺就一张真正可以去放心依托的网。

自我不配感：用光环开启自我保护模式

——「情感没有归处，人们便会一直马不停蹄，奔向变幻莫测的未来和缥缈不定的挚爱。」

咨询案例

来访者是一位年收入数百万的事业女性，可以说是当今 80 后这一批奋斗成功的优秀女性代表。她本科和研究生都就读于国内一流大学，毕业后就顺利进入了公安系统，拿到了一份收入不算很高却很清闲的工作。在这样的一个舒适平稳的职业环境下，她一做就是三年。

在这期间，她认识了她现在的丈夫。这个当时的男朋友非常符合她的理想标准，外形高大健壮，性格腼腆内敛，是会让女性觉得很有安全感的类型。但是来访者却很难感受到安全感，一方面来自客观经济状况，因为丈夫是做 IT 行业的，收入是她的很多倍，让她感受到了两个人在经济收入上的巨大差距；另一方面来自内在情感，虽然丈夫的性格模式相对比较稳定，也很少主动和她争吵，但是她的性格相对比较纠结，会有持续冒出来的不安全感和不确定感。这也使得她无论是在工作上还是在家庭里，都会去过度在乎对方的想法。

所以她觉得自己的工作和婚姻都好像面临着很大的问题，而这些问题又说不清道不明。当她感到郁闷焦虑的时候，她难以在工作环境中去表达，只能回家对着自己的丈夫倾诉。但是丈夫很难理解她这些难以名状的情绪，常常觉得她是在庸人自扰。有时候两个人忍不住爆发一顿争吵，然后吵到深夜丈夫就抱起枕头搬着被子，独自到书房去寻求清净。在这种吵架模式之下，丈夫其实是感到轻松自在的，觉得自己一个人在书房玩游戏看电影非常自由。而来访者就特别崩溃，每次都把自己关在房间里面大哭至深夜。

直到后来她的抑郁焦虑达到了一个比较严重的程度，并且还伴随着情绪性失眠。在这种状态下，她觉得自己索然无味的夫妻关系根本无法继续，也难以从中获得她想要的情感需求。此外她和原生家庭的关系也很是疏离，难以从父母那里得到理解和支持。还有，她觉得自己平淡的工作缺乏意义和价值，连带着整个生活都没有动力和生机。就这样，当她的人生面临着很大的一个困境的时候，她来见了心理咨询师。

后来，她在咨询师的陪伴下，逐渐回归自身，重拾了那个不甘平庸的自我。于是她决然辞掉索然无味的平淡工作，跨行进入会计

行业，依凭自己的聪慧与努力，在高压与高薪中高歌奋进。

过度承载家庭使命

在重新回看来访者成长经历时会发现，她的不安定感很大程度上来源于她和父母的关系。她的原生家庭来自农村，作为家里的长姐，她下面还有两个弟弟。 她的父母一直希望将来能够举家从农村搬到北京这样的大城市生活，所以从小就给他们姐弟三个进行潜移默化的意愿灌输。而她在这一代孩子里相对早熟，从小就自动承接了来自上一代的使命，产生了这样一个成为北京人的奋斗意识。后来的她确如所愿，成功地实现整个家族的愿望，完成了整个家族的生存跨越。

在实现两代人愿望的过程中，她完全取代父母，同时扮演了一个家庭里父亲和母亲的双重角色。可以说她不仅成了弟弟们的父母，还成了她父母的父母。她的父母来自相对普通的知识分子家庭，父亲在事业上没有上进心，甘于享受平凡的生活。而母亲则恰恰相反，十分向往大城市丰富的生活，于是多年来都活在对生活现状的抱怨、指责和不甘心当中。在后来的咨询过程中咨询师也发现，她的母亲一直处于抑郁状态之中，这种情绪也传递到了来访者的童年里，为她的性格铺上了一层灰色调的底色。

我们会看到，上一代里难以落地的期许，会传递到下一代中最有家族使命感的孩子那里。这个孩子就在早熟中迅速成长，成了这个家庭的大家长。在后来的打拼过程中，她通过事业来积累财富和人脉资源，先是帮她的两个弟弟毕业后留在了北京，并且赞助他们按揭买房，然后借助机会把父母的户口迁入北京，完成了家族梦想。

成长缺憾中的力量

努力奋斗背后的核心动力，来自想要被父母看见的渴望，而她的父母却从未给予她想要的关注和肯定。这种未被满足的渴望从童年延续至今，让这个开启发光模式的成年人时常流露出儿时的黯淡。作为咨询师，我面对着这个事业非常成功的女性，如同面对着一个渴望得到糖果和拥抱的小女孩。我印象很深刻的一点是，她经常会叙述自己在工作中又获得了一个怎样的进步，自己又建立了怎样的团队关系，然后直接告诉咨询师，希望得到表扬和赞赏。而渴望被表扬、被赞赏的背后，是她过多承载了家庭重担之后的不被看见。这些未被完成的人生缺憾，恰恰成就了她今日的事业完满。

感情里的我不配

她过去的人生中，还有一个很重要的小插曲，就是她在大学时候的未成形初恋。在前几次咨询中，她给咨询师编造了一个初恋故事，直到后来的一次咨询中，她才重新讲述了这个故事的真实版本。当时她喜欢上了同院系的学长，一个院系里乃至学校里的风云人物。过去的她一直沉浸在成长经历带来的自卑敏感之中，以至于在她身上就形成了一种独特的外在柔弱、内在桀骜的人格模式。这种特别也吸引到了这个学长，可当他对她表白的时候，她却非常坚决地拒

绝了。

虽然她对于学长不仅欣赏倾慕，而且有着很深的依赖，但是内在的自卑敏感又会让她开启保护模式。表面坚决拒绝的背后，是内心深处的自卑，觉得这样完美的他不是自己能够得到的。这种不配感，让她在感情的萌芽阶段，就对可能出现的亲密关系进行了隔离。

这样的一个初恋，对她后续的情感观念有着非常大的影响，让她不相信情感，也不相信恋爱。因为她该去经历的时候没有去经历那种浓烈炙热的校园恋情，无论是夕阳湖边手牵手的温柔缱绻，还是图书馆里彼此陪伴的踏实稳定。她一直都是独自一人，从寝室到教室，再从教室回寝室。这样的一来一回，构成了她数年来绝缘于男女情爱的校园生活轨迹。

在回忆这段情感时，她的内心下沉到了一个很深层的痛苦状态之中，痛苦于自己想要得到而且能够得到的，自己却不去得到。我们会发现，相比于一段有始有终的感情，往往是那些没有成形的感情，或者是无疾而终的感情，更会对人产生持久而深刻的影响。这些遗憾如同缺口一般，不断吞噬着人们将会持续一生的对过去的懊悔，对未来的期待。

短暂情感的持续疗愈

这段回忆也让她在后来的日子里，不断地品尝体会着情感的完美性和童话性。因为在这段感情里，她被自己眼中光彩夺目的他所

162

看见了。即使最终没能走到一起，被自己喜欢的人所喜欢这件事，也极大地满足了她长期以来的情感需求，让她得到了肯定和印证：自己真的是一个值得被他人去喜欢和宠爱的人。

可以看到，极度深刻的瞬间记忆，会成为一个持续一生的完美疗愈。感情渐浓时的戛然而止，如同烟花绽放前的宁静夜空，看似什么都没有发生，却又留给人们无限的期许和幻想。于是这个她疗愈情感的核心秘密点成了她的内心树洞，直到咨询做了二十多次之后，才慢慢被打开。当里面埋藏多年的秘密被自己和咨询师看见，她才开始试着去承认和接受过去那个自卑且自闭的自己。她也慢慢意识到，未曾拥有的感情所带来的美好，往往是拥有的感情所难以实现的。在感情的另一端，无论站着的这个人是她的丈夫还是学长，都很难能带给自己想要的那种全能情感体验。

用优秀拯救他人

长期以来对于自己的过度苛责，也会转而形成对他人的苛责。这些人可能是自己的爱人，可能是孩子，也可能是父母。当来访者自己体验到了事业有成带给自己的成就感，再去面对事业平庸的丈夫时，她就想通过自己的优秀去拯救对方，让他也去体验这种成就感。在这些人眼里，苛责由于带给了他们人生的不断升级，而被视作一种对人好的方式。而作为被拯救的那个人，这种苛责性的好意也许是不堪承受的。很多美好的感情之所以最终走向怨怼，就是因为彼此都卡在拯救与被拯救、苛责与被苛责的关系里。

　　而当我们成为更优秀、更完美的人时，我们恰恰会需要对方更多的养分来滋养自己，自己反而难以给对方提供更多的养料。就好比一棵普通的树，当它想要成为参天大树的时候，如果只去依赖旁边的一棵树，就一定会把它的养料充分掠夺过来，从而出现自然环境下攀缘扼杀的竞争现象。对于人类而言，夫妻双方更是根系交缠，血脉相依。当彼此共同的枝繁叶茂可望而不可即的时候，我们转过来就会对对方有很多攻击和指责，彼此相爱相杀。

　　其实从相爱相杀中走出来的道路方向也很清晰。既然想成为一棵参天大树，甚至想要成为一片森林，那就充分延展自己的根系，往外去寻找更为充足的雨露阳光。生命的空间无比广阔，为人们提供了无限的伸展方向和路径，去抵达和创造外部世界。对于来访者而言，她就走了发展事业这样一条道路，让自己在工作上找到了优秀的团队，从而实现了职业上的愿景。事业带来的生命养分，也让她从情感的窒息状态中逐渐缓和了起来。

情感没有归处

　　对于来访者而言，她在过去的人生中，持续在体验一种无比熟悉的"得不到"。作为一个孩子，她想要的被关爱、被呵护，在父母那里没有得到。作为一个女人，她想要的被理解、被欣赏，在丈夫那里也没有得到。所以她一直以发展事业为核心，既是在满足自己的当下，也是在填补自己的过去。

　　可是当下和过去犹如两个平行世界一般，看似紧密相接，实则难以连通。婚姻和爱在不同的阶段都会因为不同的经历呈现出不同的状态。很多时候我们期望永恒不变的爱，期望婚姻可以像容器一般，盛装和保存所有的回忆和情感；也期望婚姻可以如胶片一般，成为爱情进入高潮时的永久定格。当我们带着满满期望寻找情感归处时，时常会发现婚姻并不是情感的归处，情感没有归处。

可是爱的成分一直都是在变化的，有热恋中的激情之爱，有家庭生活中的亲情之爱，还有彼此陪伴的朋友之爱。爱在不同阶段里，在其成分上是有不同配比的。当来访者在机场送孩子出国读书的时候，她突然意识到此刻的自己孤身一人，正如当年校园时代的自己一样。可是此时的她，会比当年的自己对另一半的要求更多也更高，也更难有同龄人能满足自己多年来未曾实现的情感诉求。所以在后来的人生中，她一直都没有寻找到心目中的"真爱"。

情感没有归处，人们便会一直马不停蹄，奔向变幻莫测的未来和缥缈不定的挚爱。我们会发现，自己情感的缺憾，还有人格的缺陷，犹如万千碎片拼就的拼图里刚好缺失的那一枚，于是我们抱着拼图找遍了所有人，最终发现能去填补的人只有自己。回顾这场奔波，也许我们会感叹人生徒劳，感慨岁月空投。可是，在泪涛里挣扎游渡，我们最终会上岸；在艰难中品尝苦涩，我们也最终会咽下。然后你会发现，自己渐渐修复了童年的伤口，慢慢填补了青年的缺憾，然后在成年的世界里通达了自我，找寻到了生命的意义，甚至，你自己成为意义本身。

亲密关系

孤独感：世间到底有没有灵魂伴侣

——「现代人享受孤独，从一个容器里不断地跳进另一个容器里，可好像一直也没找到希冀与解脱。」

咨询案例

还是这位来访者，当她觉得自己的人生面临很大困境的时候，她就很想换一种生活方式，尝试另一种生命的可能性。那时的她休完产假即将重返职场，不想继续像过去一样，在平稳安逸的工作中浪费生命。于是她放弃了公务员体制，直接辞职了。辞职之后，她转向了有更多发展可能性的会计行业，在考完会计师资格证之后，找到已经在这个行业里做得很好的大学同学，进入了他的会计师事务所，从助理慢慢做起。随后她面临的一个职业关键期就是她的角色转型，从一个助理的角色正式转变为会计师的角色，这意味着她需要完全依靠自己的业务来养活自己。

在给她做职业相关的咨询时，有两条很明晰的主线。第一条主线是解决她的情绪问题，让她以相对平稳的心境来进入职业发展的关键时期，从而冷静客观地对自我需求和职业规划进行分析和拆解。第二条主线就是，当她在职业规划上面临转型的时候，其实是没有周围人支持和鼓励的。此时，心理咨询就为她提供了一个支持系统。

接下来，这个支持系统就陪伴她去寻找和建立更为现实化的支持系统，帮助她去对接并融入会计师事务所的团队之中。随后的几年里，咨询师见证了她的职业成长过程，从小团队一步步进入更大、更成功的团队，从一个边缘员工逐渐成为核心人员，从一个被引领者慢慢成长为一个引领者。当她每年经手的业务流水达到数千万时，她的焦虑和压力等情绪问题也慢慢得到了缓解。

拿到薪酬的真实感

咨询过程中，有一件让咨询师印象特别深刻的事情。有一次，她非常激动地来和咨询师分享她是如何主动拿到自己的第一单案子的。当时处于职业瓶颈期的她听取了咨询师的建议，到家附近的咖啡厅去阅读写作。恰好她听到了坐在旁边的人在不断地打电话，话题内容正好涉及自己公司的相关业务。于是等通话结束，她就立即主动地走到这个人面前，对刚才电话里提到的业务现状进行了专业分析。还没等她分析完，对方就立刻主动邀约进行合作。

就在这样的一个意外情况下，她签下了自己人生中第一笔数万元酬劳的合作项目。拿到第一笔薪水，她才有了和这个世界交手的真实感。可以看到，一个人的自信不仅来源于自身能力，还来源于

外在肯定。在这个残酷世界里赚取金钱来作为自我依凭，就是自己与这个世界发生的最现实、最直接的强链接。在这种强链接的作用下，职业被打通，生活被支持，那些无处释放的焦虑和压力，也在一次次和世界交手的过程中慢慢得到了驱散化解。

后来她每半年左右来见一次咨询师，分享这半年又取得的工作进步。经历中年转型时期的时候，她需要面对来自新阶段和新领域的双重挑战。每当她感到不自信和不确定时，当年自己拿到第一笔酬劳的振奋和真实，又会不断地带给她力量，让她想要去继续往上走，继续去和这个世界发生链接，继续去体验这种手握自己人生的感觉。

女性特质等待唤醒

在当代职场环境下，女性如果想要投身企业，很多时候需要付出的成本和代价会比男性多很多。特别是当女性走到一个比较高的位置上，她会发现周围的竞争人群里大部分都是男性。有些职场女性为了让自己适应并融入职场环境，会把自己变成一个女战士。同时，这些女性还特别厌恶并且看不起那些擅长发挥女性优势的职场女性。来访者自己就是这种战士般的职场女性，在咨询室里谈到那些很会温柔撒娇的女性时，她就会表现得特别痛恨和鄙视。她认为她们不是和自己一样靠工作能力在职场中杀出一条血路来，而是靠博取男人的欢心来上位。

这里面所展现的一个很重要的事情是，这位来访者的女性意识没有得到很好的唤醒。她从很小的时候起，就成了家族使命的承担者，是家中比男性更有力量的存在。在这种没有被当作女孩子来养的成长氛围下，她自己也很难对于自己的女性身份产生认同。于是，那些成长过程中被压抑的隐痛，就在后来的两性交往模式上得到了体现。

于是她也开始承认，这些善于发挥性别优势的女性往往能够在职场中如鱼得水，甚至拥有着让很多男性难以取代的位置。但当她讲述这些女性的时候，眼神中流露出来的敌意像是想把对方杀死一般。而她的这种敌意，也反过来招致这些女性的敌意。然后她就发现，自己很难得到男性职场圈层的认可，同时也被女性职场圈层所排挤。于是她把自己活脱脱地变成了一个职场中性人，在两个圈层之间的逼仄空间里进退维谷。

这些被压抑的隐痛，不仅影响了亲密关系的建立和维持，影响了社会环境下的两性相处，更是对她女性自我的身份认同产生了深远影响，让她很难对自己女性的身体、情感和精神进行体验和表达。而那些从小在潜意识里就强烈渴望成为女性的人，会经历从女孩到女人各个阶段的感知觉深度体验，然后从外在上进行眼神、身段、语言、穿衣的表达。她们会时刻对着这个世界，表达出自己对于女性身份的享受和骄傲。

寻找灵魂伴侣

在婚姻方面，她的情绪慢慢在咨询师的陪伴下得到了调整，特别是减少了对自己丈夫的挑剔、指责和对抗。她也发现，当她用自

己的优秀去苛责对方的时候，其实也是在无形地控制和占有对方。而当她试着去松手，她和丈夫也慢慢找到了彼此独立而稳定的相处方式。而在这种状态下，她也会感到怅然失意。因为她看清了一个残酷的现实，原来自己的另一半可能并不是自己一直要找的那个灵魂伴侣。

人们需要排遣寂寞，于是灵魂伴侣就成了最好的寄托和指望。可我们在人生路上越往高处走，越往深处走，就会发现很多时候很难有人能够一直陪伴着我们前行。当来访者体验着事业上的攀登和征服的快意时，自己的另一半享受的却是朝九晚五的现世稳定。然后她就发现，不知不觉中十几年过去了，他们两个人并没有像她最初所想的那样携手前行。此时此刻的她像是一个手握屠龙宝剑去披荆斩棘的女战士，而对方还是当年那个安稳度日的大男孩。

于是人们开始感叹，寂寞无从驱逐，也无从排遣。在这种状态下，来访者也在咨询室里对咨询师保持着十分明确的边界感。直到后来她慢慢尝试去打开自我，开始在咨询室里展现眼泪，表达情感。然后她发现，寂寞终要走向孤独，人终要学会沉浸在孤独的自我状态里。后来的她也开始去寻找自己的灵魂伴侣，这个灵魂伴侣并不局限于情事男女，而是存在于更广阔的人生空间里，它可以是朋友、亲人、老师，也可以是事业、爱好、信仰。学会与它为伴，与它为伍，与它为友，你还会欣然发现，它能回应情感的冲动，抚慰内心的空虚，形成精神的共振。原来我们一直想要去驱散的孤独，反而于如影随形中，满足了我们无限的需求和想象。人生如寄，也许我们终其一生的灵魂伴侣就是孤独。

孤独渴望被看见

　　世界太大，个体太小。即使人类能独立行走于天地间，仍然会有很多事情是自己一个人难以承受的。当我们往生命深处走的时候，我们对于这种矛盾的体会便会更深：渴求孤独，却也渴求人群。这种自由与热闹之间的自我拉扯，像是一种无比脆弱却又深植于心的群体宿命。

　　而这种孤独本身，也渴望被看见，渴望被他人照见。当这位来访者处于年薪数百万的职业巅峰时，处于长期以来的孤独之中的她更是渴望得到他人的欣赏和认可。对于事业有成的人来说，很多成瘾行为是有利于他们的孤独感被看见的，比如奢侈品成瘾、名车名表名画收集成瘾，等等。这些外在的成瘾行为能够让他们在人群中得到他人目光的停驻，从而让孤独得到一定程度的满足和释放。可是她并没有找到让自己成瘾的具体事物，那她就会诉诸情感，渴望找到另一个生命个体来被看见。

　　所以心理咨询背后的意义价值就在于看见来访者内心的孤独，然后陪伴他们更好地去体验人生。这位来访者的咨询做了将近十年，从最开始不定期的咨询，到后来长期稳定的每半个月来咨询一次，再到近几年每当有了人生重大进展就来和咨询师分享。这样的一段生命历程，就是一种长期的内在自我探索。对于这种进行相对长期

咨询的来访者而言，她和咨询师之间的关系发展到了后期，更像是两个生命之间平行而相互的支持和陪伴。

人类渴望探索，走到大漠深处也好，走到森林深处也好，这种空间上的探索是人类灵魂的共性。越是人迹罕至的地方，人越会体验到自我存在的渺小，感受到内在孤独的强烈。所以我们会说，孤独是深植于人类潜意识层面的本性。可是当人类不惧怕走向外太空的同时，人类也时刻需要爱与陪伴，正如氧气与能量一般，是宇宙探索行动得以持续的生命必需品。于是当人们探索归来，还是会向往群体，投入群体的怀抱。我们既需要家庭朋友，也需要部落组织，还需要民族国家。让自己置身于各种各样的圈层关系里，这也是孤独的一种存在形态。

面对生命的常态

后来随着这位来访者事业的慢慢发展，她也渐渐呈现出一种非常孤独的生命状态。她会在咨询室里去探讨她难以宣泄的孤独。她经常会在咨询室里面模拟重现自己如何把办公室政治斗争玩得如鱼得水的情形，还有如何巧妙地通过语言和行动不仅保护了自己的利益，同时还让对方获得利益。这些游刃有余的背后，隐藏着的是她宣泄孤独的出口。

成功者的幸福往往被世人赋予了太多的意义和动力，甚至有时候，成功者的不幸福是不被允许的，不能够存在的。在外人眼中，她的事业高度令人仰望，她的婚姻长久稳固，她的孩子学业有成。

可是，笼罩的光环越是闪耀，那些人性中的痛苦、不幸、绝望以及孤独，就越难以被人们所看见。于是这种难以言说的孤独，就只能留给自己去消化，还有就是拿来和咨询师一起探讨。

我们会看到，如今越来越多的人开始关注起自己内心的孤独状态，然后寻求希冀与解脱。现代人享受孤独，于是把自己活脱脱地变成了容器生物。上班时，办公大楼里贴着门牌标签以示占有和区别的办公室是容器；下班后，车流涌动中不断汇集却又不断交错的车辆也是容器；回家后，彼此连接却又相对隔断的私人房间也是容器。人们从一个容器里不断地跳进另一个容器里，可是好像一直也没找到希冀与解脱。

直到我们发现，孤独在我们内心深处是一种常态。它有时是霓虹闪烁，有时是长夜当空，有时是日暮夕阳；它有时又会幻化成人形，成为我们的朋友知己、亲密爱人、对手仇敌，还有灵魂伴侣。它以变幻万千的形式出现在我们眼前，让我们想躲也躲不掉。你可以与之隔离，可以与之交锋，也可以尝试与之为伴。尝试和孤独一起，携手经历那些苦难与繁华的时刻，贫瘠与丰盛的岁月。